工业机器人工学结合项目化系列教材

工业机器人入门与实训

连硕教育教材编写组　编著

电子工业出版社

Publishing House of Electronics Industry

北京·BEIJING

内 容 简 介

本书根据职业教育的特点，注重"做中学"和"学中做"相结合的教学理念，设计了六大教学模块，即工业机器人的认知、工业机器人的手动操作、工业机器人的坐标设定、工业机器人的轨迹模拟、搬运工作站的编程设计和码垛工作站的编程设计六大教学项目。每个教学项目包含 2~4 个工作任务，项目内容包括学习情景、学习目标、任务实施、考核与评价等多个方面，每个任务还包含知识准备和课后习题。各个教学项目的安排由浅入深、循序渐进。工作任务按照典型工作过程进行设计实施，注重学生职业能力、职业素养和团队协作等综合素质的培养。

本书通过六个学习项目，将工业机器人相关的原理与实践相结合，使学生在实际操作中学会机器人的基本原理和基本应用，可作为职业院校工业机器人技术专业的基础教材，也可作为企业中从事工业机器人设计、编程、调试与维护等工作人员的培训用书。

图书在版编目（CIP）数据

工业机器人入门与实训 / 连硕教育教材编写组编著. —北京：电子工业出版社，2017.9

工业机器人工学结合项目化系列教材

ISBN 978-7-121-32566-3

I. ①工… II. ①连… III. ①工业机器人－职业教育－教材 IV. ①TP242.2

中国版本图书馆 CIP 数据核字（2017）第 205572 号

策划编辑：李树林
责任编辑：李树林
印　　刷：北京盛通商印快线网络科技有限公司
装　　订：北京盛通商印快线网络科技有限公司
出版发行：电子工业出版社
　　　　　北京市海淀区万寿路 173 信箱　　邮编：100036
开　　本：787×980　1/16　印张：14　　字数：288 千字
版　　次：2017 年 9 月第 1 版
印　　次：2023 年 5 月第 7 次印刷
定　　价：39.80 元

凡所购买电子工业出版社图书有缺损问题，请向购买书店调换。若书店售缺，请与本社发行部联系，联系及邮购电话：（010）88254888，88258888。

质量投诉请发邮件至 zlts@phei.com.cn，盗版侵权举报请发邮件至 dbqq@phei.com.cn。

本书咨询联系方式：（010）88254463，lisl@phei.com.cn。

连硕教育教材编写组

主　编：唐海峰

顾　问：叶　晖

编　者：唐建东　罗毓斌　黄晓旋　黄鸿城

　　　　易顺斌　林家伊　黄晓婷　奚　蓉

支持单位：深圳市连硕机器人职业培训中心

序

　　教材是人类知识、技能、经验和文明传承的重要载体，是学生系统地获取知识、提升能力，教师构建学生心理结构、教书育人的外部工具与核心手段。教材建设的理念是否先进、体系是否完善、内容选取是否具有时代性、编写体例是否科学、呈现形式是否规范，是影响一个学校专业建设和人才培养质量的极其重要的因素。不同教育类型均有其自己的教材体系及其教育组织形式，就职业教育而言，总体要求是以做为核心、以实践为主线构建的。陶行知先生说过："教学做是一件事，不是三件事。我们要在做上教，在做上学。不在做上用功夫，教固不成为教，学也不成为学。"我个人认为，这是职业教育的教育理念，也是教育方法，还应该成为职业教育教材编撰的指导思想与实现手段。

　　工业机器人是典型的光、机、电高度一体化产品，其设计与应用涉及机械设计与制造、电子技术、传感器技术、视觉技术、软件技术、控制技术、通信技术、人工智能等诸多领域。高职工业机器人技术专业是一个新兴专业，编写适合的教材是一件相当具有挑战性的工作，有部分学校在教材建设方面进行了前期的探索与研究，并取得一定的成绩和经验。但无须讳言，现有的教材存在着这样或那样的不足和遗憾。首先，在体系上按学术型大学模式构建，重理论轻实践，或者根本与实践无关，着重在数学原理的演绎与推理；其次，实用性不强，与工业机器人产业联系不紧密甚至脱节，没有体现高职院校和高职学生的特点和特色；最后，尽管也有一些所谓"任务驱动"的教材，但本质上只是将原来意义上的验证性实验"改头换面"，"穿上不同的马甲"而已，还是原来的知识和理论逻辑体系。

　　由深圳市连硕机器人职业培训中心团队组织编写的《工业机器人入门与实训》，在系统调研工业机器人产业链和一流企业的基础上，通过对工业机器人典型工作任务分析，提炼出工业机器人工作岗位核心工作的技能，组织行业专家对工作岗位工作过程进行能力和知识分析，得到工业机器人操作工程师的职业能力表，开发出教学项目来培养学生的职业能力。本教材以工业机器人的典型工作任务为核心，以"项目引领、任务驱动"为手段，按"学习情景、学习目标、任务实施、考核与评价"四个环节，并结合学生的认知规律进行编写，其内容安排由浅入深，循序渐进，将实际操作与工业机器人的基本原理相结合，以"做"为核心，实现了"做中学""学中做""做中教"，教学做合一，并突出了职业能力、职业素养和团队协作精神的培养，较好地实现了行知先生的"教学做是一件事，不是三件事"的教育理念，是一本适合高职工业机器人技术专业的良好入门教材。

是为序。

湖南省电子学会理事长

湖南省机器人与人工智能学会副会长

谭立新

2017 年 7 月 28 日于湘江之滨听雨轩

前　言

工业机器人是集机械、电子、控制、计算机、传感器、人工智能等多学科先进技术于一体的机电一体化设备，被称为工业自动化的三大支持技术之一。随着社会的进步和劳动力成本的增加，工业机器人在我国的应用已越来越广。工业机器人操作、编程、调试与维护等技术应用岗位目前已经成为众多行业，特别是汽车制造、电子装备、半导体工业、精密仪器仪表、制药、轻工等行业关键和核心的工作岗位之一。

本书从工学结合人才培养模式的特点出发，通过工作任务式的编写模式逐步展开项目化的学习内容。其中的工作任务都来自生产一线实际案例，教材编写组成员对这些实际案例中典型的工作技能和工作任务进行了提炼和整理，使之更符合职业院校的教学需求。此外，每个学习项目最后都附有实施任务书和相关试题，便于教学互动和对学习内容的复习。

全书分为六章，所有章节都提供了丰富的实例。各章主要内容如下：

第 1 章介绍工业机器人的产生、发展、分类，工业机器人的组成、特点和技术性能，工业机器人的技术发展状况、主要生产企业及产品情况等。

第 2 章以 ABB 机器人为学习对象，通过手动操作机器人的方式，实现机器人的简单运动。

第 3 章强化学员对机器人在常见坐标系（世界、大地、工具、工件坐标系等）下运动特点的理解，同时要求掌握 TCP 创建原理和步骤，以及工件坐标系创建原理和步骤。

第 4 章以 ABB 机器人为学习对象，以模拟焊接 U 型槽、圆形轨迹示教等为例子，学习常用的运动指令，熟悉 RAPID 的程序结构和常用的数据类型、变量。

第 5 章对工业机器人搬运工作站的作业命令编程格式、编程要点，作业文件的编制方法进行了详细阐述；对输入/输出信号功能与要求、作业命令与控制信号间的关系等高层次编程需要涉及的内容进行了深入说明。

第 6 章系统介绍工业机器人码垛工作站的组成，码垛工作站程序设计和作业流程等基本的操作方法和步骤。

本书是工业机器人工学结合项目化系列教材之一，既可作为职业院校工业机器人技术专业的基础教材，也可作为企业中从事工业机器人设计、编程、调试与维护等工作人员的培训用书。

由于编著者水平有限，书中难免存在疏漏和不足，殷切期望广大读者批评指正，以便进一步提高本书的质量。

编著者

目　录

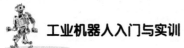

第 1 章

工业机器人的认知

如今，机器人代替人工已成为一种新的潮流。在人力劳动成本、原料成本不断上涨的今天，作为第三次工业革命的延续，自动化已成为一种趋势。其中，工业机器人作为促进第三次工业革命的重要推手，彻底改变了工业生产的模式，促进了工业生产大发展。

🖉 学习情景

从 2010 年起，随着富士康大客户苹果公司的产品出货量猛增，富士康的用工数量由 80 万人上升至 110 万人，庞大的工人队伍给富士康带来了层出不穷的人力管理难题。加班、工作压力大等因素诱发了员工不满，如果这些问题处理不当，将会引发不容忽视的危机。再者，目前富士康在大陆的逾百万员工以"80 后""90 后"为主，他们对工作环境、待遇有了更高的要求，日益不满单调的车间工作。富士康在进军中部地区时，在许多省市都遇到了缺工问题。而制造业成本的不断上升，也使富士康不得不借助自动化来实现生产转型——采用机器人代替人工。

1

目前富士康也大量使用机器人，每台机器人的工作效率是工人的 3～4 倍，而且机器人还能做到 24 小时不间断作业。富士康工人采取一天 24 小时三班倒制，这就相当于三个工人一天的工作量。通过使用工业机器人，富士康的工人们将重新学习工业机器人基本操作、软件使用和维修，变身为机器人应用工程师、软件工程师，人力将被赋予更高的附加值。

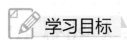

学习目标

知识目标

（1）掌握工业机器人的定义与特点；

（2）了解工业机器人的发展状况；

（3）熟悉工业机器人的常见分类及其行业应用；

（4）学习工业机器人的技术指标；

（5）熟记安全操作规范事项。

技能目标

（1）能简单概述工业机器人的系统组成；

（2）能正确识别工业机器人的标杆企业；

（3）能举出工业机器人的典型应用案例；

（4）能解读工业机器人的参数指标；

（5）能严格按照安全操作规程进行操作。

任务分配

1.1　认识工业机器人；

1.2　工业机器人的系统组成和技术指标；

1.3　工业机器人安全操作规范。

1.1　认识工业机器人

机器人技术是 20 世纪人类最伟大的发明之一。随着劳动成本的增加，越来越多的劳动密集型企业已经大量使用机器人。本节属于工业机器人的绪论，重点介绍其定义、发展及行业应用，要求熟知工业机器人的行业应用案例。

 知识准备

1.1.1　工业机器人的定义和发展动力

1. 定义

对于机器人，大家可能都很熟悉，在科幻电影中，它们往往有着超人的智能和体魄，即使在现实中，我们也能见到在汽车、电子等生产流水线上"孜孜不倦"工作的机器人。无论应用于什么行业，机器人都被定义为取代人工完成那些简单、机械式劳动的自动化设备。

一般情况下，机器人就是代替人类干那些干不好、干不了、不好干的工作的一种自动化设备。

国际标准化组织（ISO）给出具有代表性的工业机器人定义："工业机器人是一种自动控制、可重复编程、多功能、多自由度的操作机器，能搬运材料、工件或操持工具来完成各种作业"。目前国际上大都遵循 ISO 所下的定义。

由以上定义不难发现，工业机器人具有四个显著特点：

（1）具有特定的机械结构，其动作具有类似于人或其他生物的某些器官（肢体、感受等）的功能；

（2）具有通用性，可从事多种动作，动作程序可灵活改变；

（3）具有各种各样的智能，如记忆、感知、推理、决策、学习等；

（4）具有独立性，完整的机器人系统在工作中可以不依赖人的干预。

2. 发展动力

发展工业机器人的主要目的是，用机器人协助或代替人类从事一些不适合人类甚至超出人类能力范围的工作，把人类从大量的、烦琐的、重复的、危险的岗位中解放出来，实现生产的自动化、柔性化，避免工伤事故、提高生产效率。

对于制造业而言，ABB（工业机器人行业四大巨头之一）给出了十大投资机器人的理由。这十大理由包括：第一，降低运营成本；第二，提升产品质量与一致性；第三，改善员工的工作环境；第四，扩大产能；第五，增强生产柔性；第六，减少原料浪费，提高成品率；第七，满足安全法规，符合生产安全条件；第八，减少人员流动，缓解招聘技术工人的压力；第九，降低投资成本，提高生产效率；第十，节约宝贵的生产空间。工业机器人与人力投入成本对比如图1-1所示。

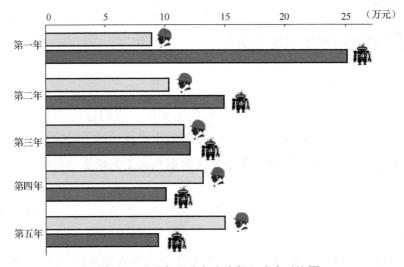

图1-1　工业机器人与人力投入成本对比图

总之，工业机器人产业发展主要有三个驱动力。首先，解放劳动生产力。任何行业，危险的工作岗位人类都是不愿做的，而且有些岗位也不适合甚至不能由人来完成，这是机器人诞生的重要原因。其次，需要保持产品生产的一致性。工人生产可以达到一致性，但是需要加大管理成本。更好的选择就是使用机器人，一旦设置好就无须管理，能保持指令的高度一致性。最后，提高生产效率。为保证连续生产，在人工短缺的情况下，使用机器人代替人工是非常好的选择。

1.1.2　工业机器人发展概况

1. 工业机器人的诞生
1959 年，美国发明家约瑟·英格伯特和乔治·德沃尔造出了世界上第一台工业机器人 Unimate，这个类似坦克炮塔的机器人可实现回转、伸缩、俯仰等动作，如图 1-2 所示，它标志着工业机器人正式诞生了。

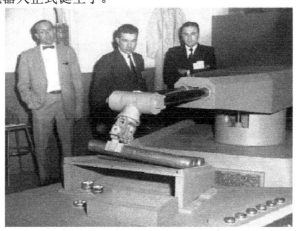

图 1-2　世界首台机工业机器人

2．工业机器人发展过程

从技术发展水平来说，可以将工业机器人分为三代。第一代为示教再现型机器人，它可以按照预先设计的程序，自主完成规定动作或操作，在当前工业中使用的绝大多数是这一代机器人。第二代为感知型机器人，如有力觉、触觉和视觉等，它具有对外界信息进行反馈调整的能力，目前已进入应用阶段。第三代为智能型机器人，尚处于实验研究阶段。

（1）示教再现型机器人。第一代工业机器人为示教再现型，它能够按照人类预先示教的轨迹、行为、顺序和速度重复作业，示教可由操作员手把手进行［图 1-3(a)］或通过示教器［图 1-3(b)］完成。目前在工业现场应用的机器人大多数属于第一代。

（2）感知型机器人。第二代工业机器人具有环境感知装置，能在一定程度上适应环境的变化，目前已经进入应用阶段。

配备感知系统的工业机器人如图 1-4 所示，此机器人是焊接机器人，机器人焊接的过程一般是通过示教方式获取机器人的运动曲线，机器人携带焊枪沿着该曲线进行焊接。这就要求工件的一致性要好，即工件被焊接部分位置必须十分准确。否则，机器人携带焊枪所走的曲线和工件的实际焊缝位置会有偏差。为了解决这个问题，第二代工业机器人进行焊接作业时，采用焊缝跟踪技术，通过传感器感知焊缝的位置，再通过反馈控制，机器人就能自动跟踪焊缝，从而对示教的位置进行修正，即使实际焊缝相对于原始设定的位置有所变化，机器人依旧可以很好地完成焊接作业。类似的技术正越来越多地应用于机器人。

(a)手把手示教

(b)示教器示教

图 1-3　示教再现型工业机器人

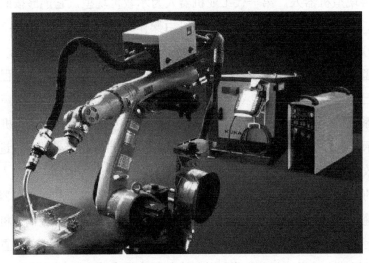

图 1-4　配备感知系统的工业机器人

（3）智能型机器人。第三代工业机器人具有发现问题，并能自主地解决问题的能力，目前尚处于实验研究阶段。

3．工业机器人的发展现状与趋势

从近几年各大机器人本体厂商推出的产品来看，工业机器人技术正向智能化、模块化和系统化方向发展。其发展趋势主要为：结构的模块化和可重构化；控制技术的开放化、PC 化和网络化；伺服驱动技术的数字化和分散化；多传感器融合技术的实用化；工作环境设计的优化和作业的柔性化；等等。

知识拓展

在国际上较有影响力的、著名的工业机器人公司主要有 ABB、发那科（FANUC）、安川电机（Yaskawa）和库卡（KUKA），它们被称为机器人行业的"四大家族"，如图 1-5 所示，其产品性能及精度代表了世界领先水平，它们的产品合计占我国机器人 50%以上市场份额。

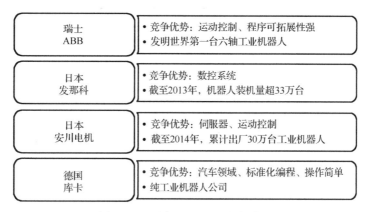

图 1-5　工业机器人"四大家族"

我国机器人大型企业有广州数控、新松、埃夫特、埃斯顿、众为兴等，这些公司的机器人业务与国际巨头相比较，起步较晚，但发展迅速。

1.1.3　工业机器人的分类和应用

1．分类

关于工业机器人的分类，国际上没有指定统一的标准，可按负载重量、控制方式、自

由度、结构、应用领域等划分。例如机器人首先在制造业大规模应用，机器人曾被简单地分为两类，即用于汽车、3C、机床等制造业的机器人被称为工业机器人，其他的机器人称为特种机器人。现在除了工业领域之外，机器人技术已广泛地应用与农业、建筑、医疗、服务、娱乐，以及空间和水下探索等多领域。依据应用领域的不同，工业机器人又可分成搬运、码垛、焊接、涂装机器人等。按照工业机器人结构特征的分类可见图 1-6 和表 1-1。

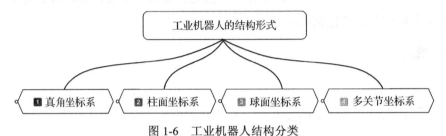

图 1-6　工业机器人结构分类

表 1-1　工业机器人结构分类表

分　　类	图　　示	特　　点
直角坐标机器人		空间上互相垂直的 3 个直线移动轴，通过 3 个独立自由度确定其手部的空间位置，其动作空间为长方体。 结构简单，控制简单，精度高，但动作灵活性较差，机体的体积大
柱面坐标机器人		主要由旋转基座、垂直移动和水平移动轴构成，具有一个回转和两个平移自由度，其动作空间呈圆柱形。 精度好，有较大动作范围，结构轻便，但是负载较小

续表

分　类	图　示	特　点
球面坐标机器人		空间位置分别由旋转、摆动和平移 3 个自由度确定，动作空间形成球面的一部分。 结构紧凑，但体积稍大
多关节 （并联机器人）		精度较高，手臂轻盈，速度快，结构紧凑，但工作空间较小，控制复杂，负载较小。 主要用于高速分拣、装箱等领域
多关节 （垂直串联机器人）		模拟人手臂功能，其动作空间近似一个球体。 高自由度，精度高速度快，动作范围大，灵活性强，广泛应用于各个行业，是当前工业机器人主流结构；但是价格高，前期投资成本大
多关节 （水平串联机器人）		结构上具有串联配置的两个能够在水平面内旋转的手臂，动作空间为一圆柱体。 在垂直方向的刚性好，能方便地实现二维平面上的动作，在装配行业中得到普遍应用

2. 应用

图 1-7 展示了近年来工业机器人行业应用分布情况，当今世界近 50% 的工业机器人集中使用在汽车领域，主要进行搬运、码垛、焊接、涂装和装配等复杂工作。为此，这里着重介绍这几类工业机器人的应用情况。

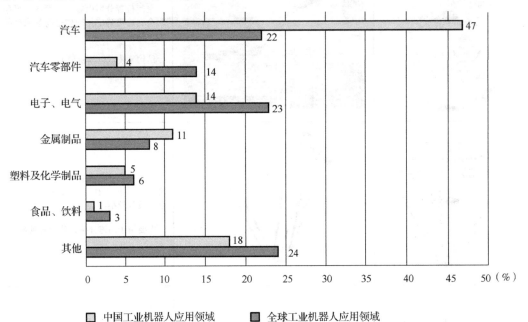

中国工业机器人应用领域　　全球工业机器人应用领域

图 1-7　工业机器人应用领域占比

（1）工业机器人搬运作业，如图 1-8 所示。搬运作业是指用一种设备握持工件，从一个加工位置移到另一个加工位置。目前搬运仍然是机器人的第一大应用领域，占机器人应用整体的 40% 左右。搬运机器人被广泛应用于机床上下料、冲压机自动化生产线、自动装配流水线、码垛搬运、集装箱等的自动搬运。

（2）工业机器人码垛作业，如图 1-9 所示。机器人码垛可按照要求的编组方式和层数，完成对料袋、胶块、箱体等各种产品的码垛。机器人不仅能迅速提高企业的生产效率和产量，减少人工搬运造成的错误，还能全天候作业。码垛机器人被广泛应用于化工、饮料、食品、啤酒、塑料等生产企业，对纸箱、袋装、罐装、啤酒箱、瓶装等各种形状的包装成品都适用。

（3）工业机器人焊接作业，如图 1-10 所示。焊接是目前较大的工业机器人应用领域，它能在恶劣的环境下连续工作并能保证稳定的焊接质量，不仅能提高工作效率，而且还减轻工人的劳动强度。机器人焊接突破了传统的焊接方式，实现了在一条焊接机器人生产线上同时自动生产若干种焊件。

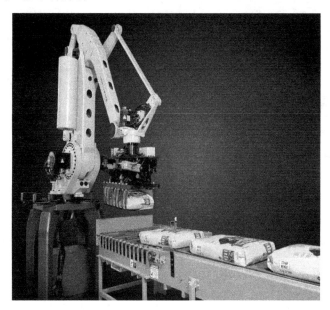

图 1-8 机器人搬运作业

图 1-9 机器人码垛作业

图 1-10　机器人焊接作业

（4）工业机器人涂装作业，如图 1-11 所示。涂装作业环境中充满了易燃、易爆的有害挥发性有机物。机器人涂装充分利用了机器人灵活、稳定、高效的特点，不仅帮助工厂节省空间和材料，还能实现绿色涂装。

图 1-11　机器人涂装作业

（5）工业机器人装配作业，如图 1-12 所示。工业机器人为适应不同的装配对象设计了不同的夹具（或工具），被广泛应用于各种电器的制造行业及流水线产品的组装作业，具有高效、精确、不间断工作的特点。

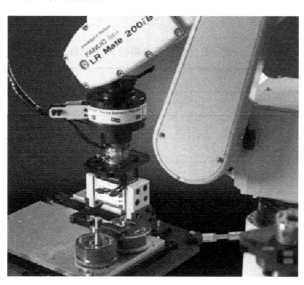

图1-12 机器人装配作业

综上所述，在工业生产中应用工业机器人，可以方便迅速地改变作业内容和方式，以满足生产要求的变化。随着工业生产线柔性的要求越来越高，自动化作业对各种工业机器人的需求也会越来越强烈。

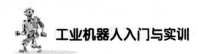

任务实施

本节任务实施见表1-2和表1-3。

表1-2 认识工业机器人任务书

姓 名		任务名称	认识工业机器人
指导教师		同组人员	
计划用时		实施地点	
时 间		备 注	
任 务 内 容			

1. 熟悉工业机器人的定义及特征;
2. 了解工业机器人的标杆企业;
3. 熟悉工业机器人的常见分类;
4. 熟悉工业机器人的行业应用。

考核内容	能描述工业机器人的定义和特征
	能举例介绍机器人的标杆企业
	能分辨工业机器人的分类
	能举例介绍工业机器人的行业应用

资 料	工 具	设 备
教材		

表1-3　认识工业机器人任务完成报告表

姓　　名		任务名称	认识工业机器人
班　　级		同组人员	
完成日期		分工内容	

1. 填空题

（1）按照工业机器人的技术发展水平，可以将工业机器人分为三代，分别是＿＿＿＿机器人、＿＿＿＿机器人和＿＿＿＿机器人。

（2）看图填写对应的工业机器人的名称。

例：　<u>直角坐标机器人</u>　　　　　　　　　　　　　　　＿＿＿＿＿＿＿＿＿＿

＿＿＿＿＿＿＿＿＿＿　　　　　　　　　　　　＿＿＿＿＿＿＿＿＿＿

2. 选择题

（1）工业机器人一般具有的基本特征是（　　　）。

①拟人性；②特定的机械机构；③不同程度的智能；④独立性；⑤通用性

A. ①②③④　　　　　B. ①②③⑤　　　　　C. ①③④⑤　　　　　D. ②③④⑤

（2）按基本动作结构，工业机器人通常可分为（　　　）。

①直角坐标机器人；②柱面坐标机器人；③球面坐标机器人；④关节型机器人

A. ①②　　　　　　　B. ①②③　　　　　　C. ①③　　　　　　　D. ①②③④

（3）工业机器人行业所说的四巨头指的是（　　　）。

①PANASONIC；② FANUC；③ KUKA；④ABB；⑤ YASKAWA；⑥ 李群

A. ①②③④　　　　　B. ①②③⑤　　　　　C. ②③④⑤　　　　　D. ①③⑤⑥

3. 判断题（正确的画√，错误的画×）

（1）工业机器人是一种能自动控制，可重复编程，多功能、多自由度的操作机器。（　　　）

（2）直角坐标机器人具有结构紧凑、灵活、占地空间小等优点，是目前工业机器人大多采用的结构形式。（　　　）

1.2 工业机器人的系统组成和技术指标

工业机器人是一种模拟人手臂、手腕和手的功能的机电一体化设备，可对物体运动的位置、速度和加速度进行精确控制，从而完成某一功能的生产作业要求。

 知识准备

1.2.1 工业机器人的系统组成

工业机器人系统组成如图 1-13 所示，当前工业中应用最多的第一代工业机器人（示教再现型），主要有以下三个部分组成：操作系统、控制系统和驱动系统，或简称为机械本体、控制器和示教器。

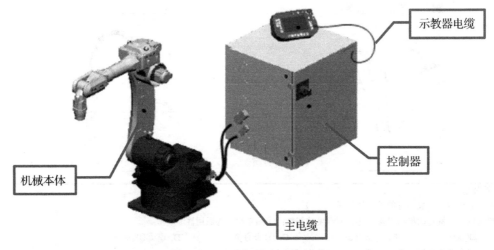

图 1-13 工业机器人系统组成

1. 操作系统（机械本体）

操作系统，或者称为机械本体，是工业机器人的机械主体，是用来完成各种作业的执行机构。简单地说，它主要由机械臂、驱动装置、传动单元和内部传感器等部分组成。下面以 ABB 工业机器人 IRB1200（见图 1-14）。

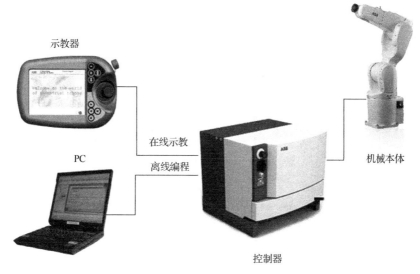

示教器

PC

在线示教

离线编程

机械本体

控制器

图 1-14　ABB 工业机器人系统组成

关节型工业机器人的机械臂是由关节连在一起的多机械连杆的集合体，实质上是一个拟人手臂的空间开链式机构，一端固定在基座上，另一端可自由运动。由关节连杆结构所构成的机械臂大体可分为基座、腰部、臂部和手腕四部分（见表 1-4）。同时每一个关节均能独立正反方向运动。

表 1-4　机械臂基本构造表

机械臂基本构造	图　　示	特　　点
基座		基座是机器人的基础部分，起支撑作用。整个执行机构和驱动部分都是安装在基座上。 基座不属于机器人的关节

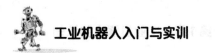

机械臂基本构造	图　示	特　点
腰部		腰部是机器人手臂的支撑部分。 通常，腰部可以在基座上转动，也可以和基座制成一体
手臂		手臂是连接机身和手腕的部分，它是执行机构中的主要运动部件。 主要用于改变末端操作器（工具）的空间位置
手腕		手腕是连接末端操作器（工具）和手臂的部分。 主要用于改变末端操作器（工具）的空间姿态

2．控制系统（控制器）

如果说操作系统（机械本体）是机器人的"肢体"，那控制系统（控制器）就是机器人的"大脑"和"心脏"。控制器是根据指令和传感信息控制机器人完成一定动作或作业任务的装置，是决定机器人功能和性能的主要因素，也是机器人系统中更新和发展最快的部分，其基本功能有：

（1）示教功能，包括在线示教和离线示教两种方式；

（2）记忆功能，存储作业顺序、运动路径、方式，以及生产工艺等相关信息；

（3）位置伺服功能，机器人多轴联动、运动控制、速度和加速度控制、动态补偿等；

（4）与外围设备通信功能，包括输入/输出接口、通信接口、网络接口等；

（5）传感器接口，位置检测、视觉、触觉、力觉等；

（6）故障诊断安全保护功能，运行时的状态监控、故障状态下的安全保护和自我诊断。

3．驱动系统（示教器）

驱动系统亦称示教编程器，简称为示教器，或者示教盒，主要由液晶屏幕和操作按键组成，可由操作者手持移动。它是机器人的人机交互接口，机器人的所有操作基本上都是通过它来完成的。示教器实质上就是一个专用的智能终端。

1.2.2　工业机器人的技术指标

工业机器人的技术指标反映工业机器人的使用范围和工作性能，是选择、使用机器人必须考虑的因素。尽管各机器人厂商所提供的技术指标不完全一样，机器人的结构、用途和用户的要求也不尽相同，但主要技术指标一般均为：自由度、工作空间、额定负载、最大工作速度和工作精度等。

1．主要技术指标

（1）自由度。物体能够对坐标系进行独立运动的数目，末端执行器的动作不包括在内。通常作为机器人的技术指标，反映机器人动作的灵活性，可直接用轴或关节数目来表示。目前，焊接和涂装作业机器人多为 6 个自由度，而搬运、码垛和装配机器人多为 4～6 个自由度。

（2）额定负载，也称持重。正常操作条件下，作用于机器人手腕末端，不会使机器人性能降低的最大载荷。目前，常用的工业机器人负载范围为 0.5～800kg。

（3）工作空间，也称工作范围或工作行程。工业机器人执行任务时，机器人控制点所能掠过的空间，工作范围不仅与机器人各个连杆的尺寸有关，还与机器人的总体结构相关。

（4）工作精度。机器人的工作精度主要指定位精度和重复定位精度。定位精度，也称绝对精度，是指机器人末端执行器实际到达位置与目标位置之间的差异。重复定位精度，简称重复精度，是指机器人重复定位其末端执行器于同一目标位置的能力。

目前，工业机器人的重复精度可达 $\pm 0.01 \sim \pm 0.5$mm。依据作业任务和末端持重不同，机器人重复精度亦不同。

2．选型要点

如果需要选用一台适用的工业机器人，还得需要了解更多信息，不仅仅是前面所述的技术指标。下面介绍选型时需要了解的主要参数。

（1）应用场合。首先，最重要的事项是评估选用的机器人，将用于怎样的应用场合以及什么样的制程。

- 若需要工人和机器人协同完成，对于通常人机混合的半自动线，协作型机器人应该是一个很好的选项。
- 若需要一个紧凑型的取放料机器人，推荐选择一个水平关节型机器人。
- 如果是针对寻找小型物件，快速取放的场合，并联机器人最适合这样的需求。
- 针对垂直关节多轴机器人，这种机器人可以适应一个非常大范围的应用，如码垛、弧焊、点焊、喷涂、拾料等应用。

（2）有效负载。有效负载是机器人在其工作空间可以携带的最大负荷。如果希望机器人完成将目标工件从一个工位搬运到另一个工位，需要注意工件的重量以及机器人手爪的重量总和不能超过其工作负荷。

（3）最大作业范围。应当了解机器人能够到达的最大距离，选择一个机器人不是仅仅凭它的有效负载，而且需要综合考量它到达的确切距离。每个厂家都会给出相应机器人的作业范围图，如图1-15所示，由此可以判断，该机器人是否适合于特定的应用。

（4）重复精度。如果需要你的机器人组装一个电子线路板，你可能需要一个超级精密重复精度的机器人。如果应用工序是比较粗糙，比如打包、码垛等，工业机器人也就不需要那么精密。当然，若配合机器视觉技术的运动补偿，将减低机器人对于精度的要求和依赖，提升整体的组装精度。

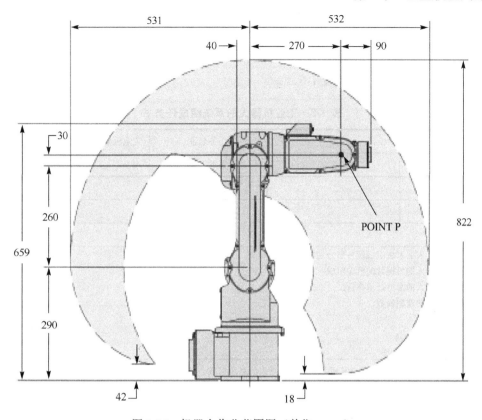

图 1-15　机器人作业范围图（单位：mm）

（5）速度（节拍需求）。这个参数与每一个用户息息相关。实际上，它取决于在该作业需要完成的周期时间。有的机器人制造商也会标注机器人的最大加速度。

（6）安装方式及本体重量。如果工业机器人必须安装在一个定制的机台，甚至在导轨上，你可能需要知道它的重量来设计相应的支撑。

（7）防护等级。根据机器人的使用环境，选择达到一定的防护等级（IP 等级）标准。一些制造商提供相同的机器人产品系列，针对不同的场合、不同的 IP 防护等级。如果机器人参与生产食品相关的产品，以及医药、医疗器具，或易燃易爆的环境中工作时，IP 等级会有所不同。例如，标准：IP40；油雾：IP67；清洁：IP30。

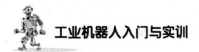

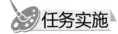

本节任务实施见表 1-5 和表 1-6。

表 1-5　工业机器人的系统组成任务书

姓　名		任务名称	工业机器人的系统组成
指导教师		同组人员	
计划用时		实施地点	
时　间		备　注	

任 务 内 容
1. 掌握工业机器人的系统组成及各部分功能； 2. 掌握工业机器人的机械臂的机构组成； 3. 熟悉工业机器人的常见技术指标； 4. 了解几个重要的选型参数。

考核内容	能够正确识别工业机器人的系统组成
	能够描述工业机器人的机械臂组成
	能够描述工业机器人的常见技术指标的含义
	能够正确按照技术要求对机器人合理选型

资　料	工　具	设　备
教材		

表1-6 工业机器人的系统组成任务完成报告

姓　　名		任务名称	认识工业机器人的系统组成
班　　级		同组人员	
完成日期		分工任务	

1. 填空题

（1）_____反映机器人的灵活性，可用机器人的轴或关节的数目来表示。

（2）工业机器人主要由_____、_____和_____组成，请填写空白部分。

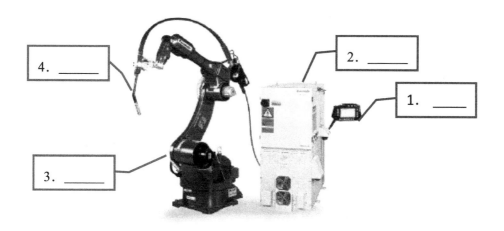

2. 选择题

操作系统（机械本体）是工业机器人的机械主体，是用于完成各种作业的执行机构。它主要由哪几部分组成？（　　）

①机械臂；②驱动装置；③传动单元；④内部传感器

A. ①②　　　　　　B. ①②③　　　　　　C. ①③　　　　　　D. ①②③④

3. 简单描述机器人系统各部分组成的功能。

1.3　工业机器人安全操作规范

　　工业机器人是一种仿人操作、自动控制、可重复编程、能在三维空间完成各种作业的自动化生产设备，具有动作范围大、运动速度快等特点，这使得机器人的示教编程、程序编辑、维护保养等操作必须由经过培训的专业人员来实施，并严格遵守机器人的安全操作规程，在此给出工业机器人的安全规范事项和使用安全须知。

 知识准备

1.3.1　安全规范事项

1．关闭总电源

　　在进行机器人的安装、维修和保养时切记要将总电源关闭。带电作业可能会产生致命性后果。如不慎遭高压电击，可能导致心跳停止，烧伤或其他严重伤害。

2．与机器人保持足够安全距离

　　在调试与运行机器人时，它可能会执行一些意外的或不规范的运动，并且所有的运动都会产生很大的力量，从而严重伤害个人或损害机器人工作范围内的任何设备。因此，需要时刻警惕与机器人保持足够的安全距离。

3．紧急停止

　　紧急停止优先于任何其他机器人控制操作，它会断开机器人电动机的驱动电源，停止所有运转部件，并切断同机器人系统控制且存在潜在危险的功能部件的电源。

　　出现下列情况时请立即按下任意急停按钮。

　　（1）机器人运行中，工作区域内有工作人员；

　　（2）机器人伤害了工作人员或损伤了机器设备。

4．静电放电危险

　　静电放电（ESD）是电势不同的两个物体间的静电传导，它可以通过直接接触传导，也可以通过感应电场传导。搬运部件或部件容器时，未作接地处理的人员可能会传导大量的静电荷。这一放电过程可能会损坏敏感的电子设备。所以在有静电放电危险标志的情况下，要做好静电放电防护。

5. 灭火

发生火灾时，请确保全体人员安全撤离后再进行灭火，首先应处理受伤人员。当电气设备（如工业机器人或控制器）起火时，应使用二氧化碳灭火器，切勿使用水或泡沫灭火器。

1.3.2　使用安全须知

1. 工作中的安全

机器人速度慢，但是很重并且力度很大，运动中的停顿或停止看似安全，但也有可能会产生危险。即使可以预测运动轨迹，但外部信号有可能改变操作，会在没有任何警告的情况下，产生预想不到的运动。因此当进入保护空间时，务必遵循所有安全条例，例如：

（1）如果在保护空间内应由工作人员手动操作机器人系统。

（2）当进入保护空间时，请准备好示教器，以便随时控制机器人。

（3）注意旋转或运动工具，如切削工具和锯。确保在接近机器人之前，这些工具已经停止运动。

（4）注意工件与机器人系统的高温表面。机器人的电动机长期运转后机器人表面温度很高，需要防止烫伤。

（5）注意夹具并确保夹好工件。如果夹具打开，工件会脱落并导致人员伤害或设备损害。夹具可能非常有力，如果不按照正确方法操作，也会导致人员伤害。

（6）注意液压、气压系统和带电部件。对于带电部件，需要及时断电，这些电路上的残余电量也很危险。

2. 示教器的安全

示教器是一种高品质的手持式终端，它是具有高灵敏度的电子设备。为避免操作不当引起的故障或损坏，请在操作前遵循以下说明。

（1）小心操作，不要摔打、抛掷或重击，以免导致破损或故障。在不使用该设备时，将它挂到专门存放它的支架上，以防意外掉到地上。

（2）示教器的使用和存放应避免被人踩踏电缆。

（3）切勿使用锋利的物体（如螺钉旋具或笔尖）操作触摸屏。这样可能会使触摸屏受损，应该使用手指或触摸笔去操作触摸屏。

（4）严禁操作者戴手套操作示教器。

（5）定期清洁触摸屏，灰尘和小颗粒可能会挡住屏幕造成故障。

（6）切勿使用溶剂、洗涤剂或擦洗海绵清洁示教器，应使用软布蘸少量水或中性清洁剂进行清洁。

（7）没有连接 USB 设备时务必盖上 USB 端口的保护盖。如果 USB 端口长期暴露在灰尘中，它会损坏或发生故障。

3．手动模式下的安全

（1）在手动减速模式下，机器人只能低速（250mm/s 或更慢）作业。只要在安全保护空间之内工作，就应始终以手动速度进行操作。

（2）手动全速模式下，机器人以程序预设速度移动。手动全速模式仅用于所有人员都位于安全保护空间之外时，而且操作人员必须经过特殊训练，熟知潜在的危险。

4．自动模式下的安全

工业机器人全速自动运行时，动作速度很快，存在危险性，工作人员、非工作人员禁止进入机械手转动区域。

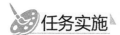

任务实施

本节任务实施见表 1-7 和表 1-8。

表 1-7　机器人安全操作规范任务书

姓　　名		任务名称	机器人安全操作规范
指导教师		同组人员	
计划用时		实施地点	
时　　间		备　　注	

<table>
<tr><td colspan="4" align="center">任 务 内 容</td></tr>
</table>

1. 熟记安全操作规范事项；
2. 了解安全标志牌。

考核内容	能够掌握安全操作规范
	能描述安全标志牌表示的含义

资　　料	工　　具	设　　备
教材		

表 1-8 机器人安全操作规范任务完成报告

姓　名		任务名称	机器人安全操作规范
班　级		同组人员	
完成日期		分工任务	

1. 填空题

（1）当电气设备（例如机器人或控制器）起火时，使用_____灭火器。

（2）急停开关不允许_____。

（3）在进行编程、测试及维修等工作时，必须将机器人置于_____模式。

2. 选择题

（1）工作现场可能产生的危险固体废弃物有（　　）。

①废工业电池；②废电路板；③废润滑剂；④废油脂；⑤废油桶；⑥损坏的零件

A①②④　　　　　　　B④⑤　　　　　　　C①②③④⑤⑥　　　　　　　D③④⑤⑥

（2）选择正确选项填入对应下划线处。

①当心触电；②当心火灾；③小心绊倒；④当心机械伤人；⑤当心伤手；⑥注意安全；

⑦禁止吸烟；⑧禁止明火

_____ _____ _____ _____

_____ _____ _____ _____

考核与评价

本章考核与评价见表 1-9～表 1-11。

表 1-9　学生自评表

项目名称	工业机器人的认知						
班　级		姓　名		学　号		组　别	
评价项目	评 价 内 容				评价结果（好/较好/一般/差）		
专业能力	掌握工业机器人的定义及特征						
	掌握工业机器人的系统组成及各部分功能						
	掌握工业机器人的常见分类						
	熟悉工业机器人行业应用和标杆企业						
	熟悉工业机器人的常见技术指标						
方法能力	能够遵守安全操作规范						
	会查阅、使用说明书及手册						
	能够对自己的学习情况进行总结						
	能够如实对自己的情况进行评价						
社会能力	能够积极参与小组讨论						
	能够接受小组的分工并积极完成任务						
	能够主动对他人提供帮助						
	能够正确认识自己的错误并改正						
自我评价及反思							

表 1-10　学生互评表

项目名称	工业机器人的认知				
被评价人	班　级		姓　名		学　号
评价人					
评价项目	评价内容			评价结果（好/较好/一般/差）	
团队合作	A. 合作融洽				
	B. 主动合作				
	C. 可以合作				
	D. 不能合作				
学习方法	A. 学习方法良好，值得借鉴				
	B. 学习方法有效				
	C. 学习方法基本有效				
	D. 学习方法存在问题				
专业能力（勾选）	掌握工业机器人的定义及特征				
	掌握工业机器人的系统组成及各部分功能				
	掌握工业机器人的常见分类				
	熟悉工业机器人行业应用和标杆企业				
	熟悉工业机器人的常见技术指标				
综合评价					

表 1-11　教师评价表

项目名称	工业机器人的认知					
被评价人	班　级		姓　名		学　号	
评价项目	评 价 内 容				评价结果（好/较好/一般/差）	
专业认知能力	能描述工业机器人定义和特征					
	能掌握工业机器人的系统组成及各部分功能					
	能掌握工业机器人的常见分类					
	能熟悉工业机器人行业应用和标杆企业					
	能掌握工业机器人的常见技术指标					
专业实践能力	能够简单描述工业机器人和特种机器人的区别					
	能正确对现场的工业机器人进行分类					
	能举例说明工业机器人的行业应用实例					
	能够根据项目要求合理对机器人选型					
	能够遵守安全操作规程					
	能够认真填写报告记录					
社会能力	能够积极参与小组讨论					
	能够接受小组的分工并完成任务					
	能够主动对他人提供帮助					
	能够正确认识自己的错误并改正					
	善于表达与交流					
综合评价						

思考与练习

通过图书馆查阅、网络等手段，查询工业机器人在数控机床中的应用，并制作成 PPT。

第2章

工业机器人的手动操作

对工业机器人而言，操作者可以通过示教器来控制机器人各关节（轴）的动作。手动操作机器人是对工业机器人进行示教、编程的基础，是完成"示教—再现"的前提。

本章以 ABB 机器人为学习对象，通过手动操作机器人的方式，实现机器人的简单运动，主要目的在于强化读者对机器人运动轴的认识，使他们正确使用示教器，了解在不同运动模式下（关节、线性、重定位）运动特点，最终掌握手动操作工业机器人的方法。

 **学习目标**

知识目标

（1）熟悉 ABB 机器人的技术指标和系统组成；

（2）熟悉示教器的按键和使用功能；

（3）掌握备份与恢复的步骤；

（4）掌握校准的步骤；

（5）熟悉工业机器人的运动轴（关节）在不同运动模式下的运动特点。

技能目标

（1）能分辨工业机器人的运动轴（关节）名称；

（2）能够简单介绍控制面板上的接口按键；

（3）能熟练完成系统备份和恢复；

（4）能根据报错信息，合理选择校准方法进行校准；

（5）能设置示教器操作环境（语言、系统时间和用户按钮）；

（6）能够熟练进行机器人运动模式和运动轴的选择。

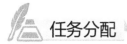
任务分配

2.1　ABB 机器人产品规格和系统组成；

2.2　IRC5 与系统的备份与恢复；

2.3　校准；

2.4　ABB 机器人的手动操作。

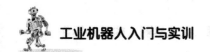

2.1　ABB 机器人产品规格和系统组成

　　ABB 是全球工业机器人技术领导厂商，提供全线工业机器人本体、软件、外围设备、模块化制造单元、各类应用和系统集成。它于 1969 年发明喷涂机器人，1974 年推出全球第一台商用电动机器人。

　　ABB 的标准产品系列机器人——IRB 机器人，常用于焊接、喷涂、搬运与切割，常用的型号有：IRB 120、IRB 1200、IRB 1400、IRB 2400、IRB 4400、IRB 6400。本书的实操设备选择 IRB 1200 为例进行示范，本节介绍 ABB 机器人的系统组成和 IRB 1200 的产品规格。

 知识准备

2.1.1　IRB 1200 的产品规格

1. 特性与优势

　　IRB 1200 如图 2-1 所示，它机身小巧，有效工作范围大，有利于加快生产节拍，减少设备占用空间。IRB 1200 提供的两种型号广泛应用于各类作业，且两者间零部件通用，显著降低了备件成本。两种型号的工作范围分别为 703mm 和 901mm，最大有效负载分别为 7kg 和 5kg。

图 2-1　IRB 1200

主要的特性和优势：

（1）工作站缩小 15%，节拍时间缩短 10%；

（2）标配 IP40 防护等级，可选 IP67 防护等级；

（3）4 条气管、10 路用户信号线及以太网线，从手腕法兰到底座全程内部走线；

（4）703mm 工作范围内有效负载为 7kg，或 901mm 工作范围内有效负载为 5kg；

（5）能以任意角度安装；

（6）机身小巧，有效工作范围大。

2．产品规格

IRB 1200 型机器人产品规格见表 2-1。

表 2-1　IRB 1200 型机器人产品规格

规格			
机器人型号	工作范围	有效负载	手臂负载
IRB 1200-7/0.7	703 mm	7 kg	0.3 kg
IRB 1200-5/0.9	901 mm	5 kg	0.3 kg
特性			
集成信号源	手腕设 10 路信号		
集成气源	手腕设 4 路空气(0.5 MPa)		
集成以太网	一个 100/10 Base-TX 以太网端口		
重复定位精度(IRB 1200-7/0.7)	0.02 mm		
重复定位精度(IRB 1200-5/0.9)	0.025 mm		
机器人安装	任意角度		
防护等级	IP40 / IP67		
控制器	IRC5 紧凑型 / IRC5 单柜型		

运动				
	IRB 1200-7/0.7		IRB 1200-5/0.9	
轴运动	工作范围	最大速度	工作范围	最大速度
轴 1 旋转	+170° ～ −170°	288(°)/s	+170° ～ −170°	288(°)/s
轴 2 手臂	+135° ～ −100°	240(°)/s	+130° ～ −100°	240(°)/s
轴 3 手臂	+70° ～ −200°	300(°)/s	+70° ～ −200°	300(°)/s
轴 4 手腕	+270° ～ −270°	400(°)/s	+270° ～ −270°	400(°)/s
轴 5 弯曲	+130° ～ −130°	405(°)/s	+130° ～ −130°	405(°)/s
轴 6 翻转	+360° ～ −360°	600(°)/s	+360° ～ −360°	600(°)/s

性能	IRB 1200-7/0.7		IRB 1200-5/0.9	
1 kg 拾料节拍				
25 mm×300 mm×25 mm	0.42 s		0.42 s	
TCP 最大速度	7.3 m/s		8.9 m/s	

续表

TCP 最大加速度	35 m/s^2	36 m/s^2
加速时间（0~1 m/s）	0.06 s	0.06 s
电气连接		
电源电压	200~600 V，50~60 Hz	
变压器额定功率	4.5 kV·A	4.5 kV·A
功耗	0.39 kW	0.38 kW
物理特性		
底座尺寸	210 mm×210 mm	210 mm×210 mm
重量	52 kg	54 kg

3．工作范围

IRB 1200 的工作范围示意图如图 2-2 所示。

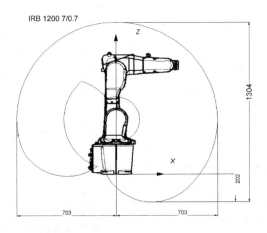

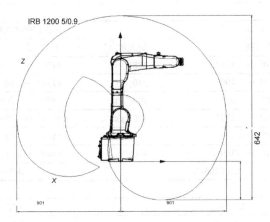

图 2-2　IRB 1200 工作范围示意图（单位：mm）

4．有效负载

IRB 1200 有效负载示意图如图 2-3 所示。

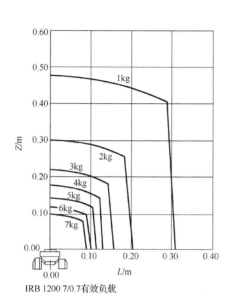

IRB 1200 7/0.7 有效负载

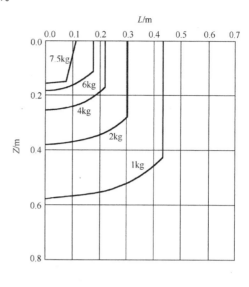

IRB 1200 7/0.7 有效负载(手腕向下)

(a) IRB 1200 7/0.7

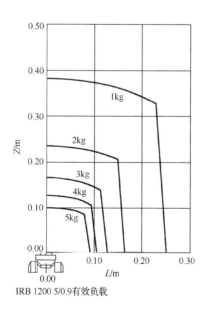

IRB 1200 5/0.9 有效负载

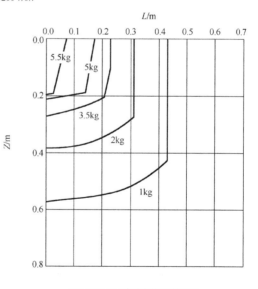

IRB 1200 5/0.9 有效负载(手腕向下)

(b) IRB 1200 5/0.9

图 2-3　IRB 1200 有效负载示意图

2.1.2 ABB 机器人的系统组成

1. 机械本体

（1）机器人运动轴的命名规则。如前文所述，目前商用工业机器人多采用 6 轴关节型（见图 2-4）。顾名思义，6 轴关节型机器人的机械本体，有 6 个可独立活动的关节（轴），从表 2-1 中不难发现：不同机器人厂商对机器人运动轴的命名不同。工业机器人行业"四大巨头"本体运动轴定义见表 2-2。

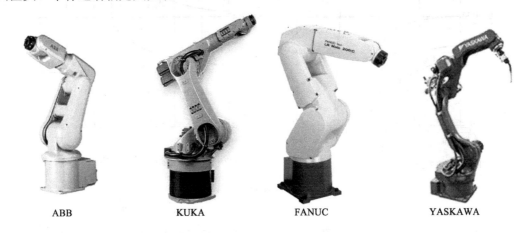

| | ABB | KUKA | FANUC | YASKAWA |

图 2-4 "四大巨头"的 6 轴关节型工业机器人

表 2-2 工业机器人行业"四大巨头"本体运动轴定义

轴 名 称				动作说明	动 作 图 示
ABB	KUKA	FANUC	YASKAWA		
轴 1	A1	J1	S 轴	旋转	

续表

轴 名 称				动作说明	动 作 图 示
ABB	KUKA	FANUC	YASKAWA		
轴 2	A 2	J2	L 轴	俯仰	
轴 3	A 3	J3	U 轴	俯仰	
轴 4	A 4	J4	R 轴	旋转	

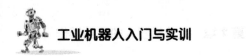

续表

轴　名　称				动作说明	动作图示
ABB	KUKA	FANUC	YASKAWA		
轴5	A 5	J5	B 轴	俯仰	
轴6	A 6	J6	T 轴	旋转	

（2）机器人本体的接口说明。IRB 1200 本体的连接接口如图 2-5 所示，其连接接口名称见表 2-3，不同的机器人的连接接口有所差异。

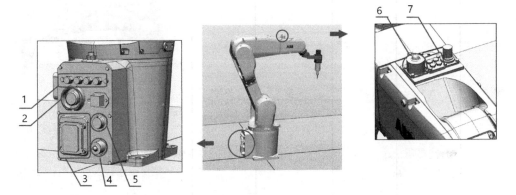

图 2-5　IRB 1200 机器人本体的连接接口

表 2-3　IRB 1200 本体的连接接口名称

序　号	接 口 名 称
1、7	压缩空气接口（设 4 路空气）
2	制动释放按钮（手动松闸按钮）
3	动力电缆接口
4、6	用户电缆接口（10 路信号）
5	编码器电缆接口

注意：底座接口的用户电缆、压缩空气接口是与上臂接口的用户电缆、压缩空气接口直接连通的。这样只需将 I/O 板信号与供气气管连接到底座接口，第六轴法兰盘上夹具或工具的信号与气管连接到上臂接口，就能实现连通了。

知识拓展

（1）每个转轴均带有一个齿轮箱，机械手定位精度（综合）达±0.05mm～±0.2mm。

（2）六个转轴（Axis）均由 AC 伺服电机驱动（见图 2-6），每个电机后均有编码器与刹车制动器。

（3）机械手带有串口测量板（SMB），使用电池保存电机数据。

（4）机械手带有手动松闸按钮，可供维修时使用，非正常使用会造成设备或人员伤害。

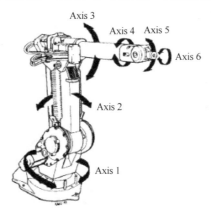

图 2-6　机器人本体结构及驱动

2．控制柜

控制系统（控制柜）的任务是根据机器人的作业指令程序，以及从传感器反馈回来的信号，控制机器人的执行，使其完成规定的运动和功能。

（1）ABB 控制柜系列产品如图 2-7 所示。

(a)标准柜（单柜）

(b)双柜

(c)喷涂控制柜

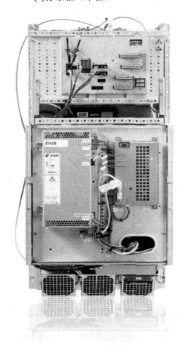

(d)面板嵌入式控制柜

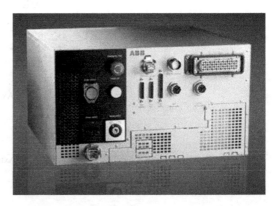

(e)紧凑型控制柜

图 2-7　控制柜系列产品

- 紧凑型控制柜：防护等级 IP20，适用于 IRB 1600，以及 IRB 260、IRB 360 全系列机型，如图 2-8 所示；
- 单柜控制柜：防护等级为 IP54，适用于所有机型；

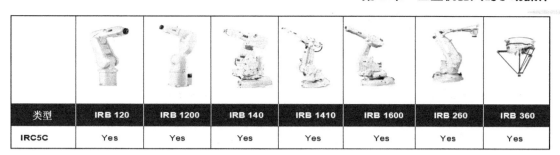

类型	IRB 120	IRB 1200	IRB 140	IRB 1410	IRB 1600	IRB 260	IRB 360
IRC5C	Yes	Yes	Yes	Yes	Yes	Yes	Yes

图 2-8 紧凑型控制柜适用机型

- 面板嵌入式控制柜：防护等级为 IP20，适用于所有机型；
- 组合控制柜（双柜）：防护等级为 IP54，适用于所有机型，最多可扩展到 4 个驱动模块，最多可控制 4 台 6 轴机器人，最多可控制 36 个轴（一个驱动模块可控制一台 6 轴机器人和 3 条 ABB 附加轴）。
- 喷涂机器人控制柜：防护等级为 IP54，适用于防爆场所。

（2）IRC5 Compact 控制面板。

- 第一代 IRC5 Compact 控制柜如图 2-9 所示，其接口按钮名称见表 2-4。

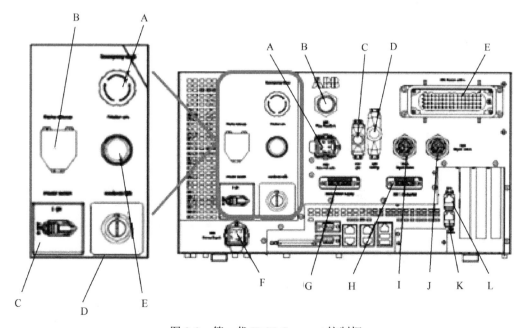

图 2-9 第一代 IRC5 Compact 控制柜

表 2-4　第一代 IRC5 Compact 控制柜接口按钮名称

序号	接口按钮名称（图 2-9 左）	序号	接口按钮名称（图 2-9 右）
A	急停按钮	A	附加轴电源电缆连接器
B	制动释放按钮	B	FlexPendant 连接器
C	电源开关	C	I/O 连接器
D	钥匙模式转换开关	D	安全连接器
E	复位与上电按钮	E	伺服电源连接器
		F	电源输入连接器
		G	电源连接器
		H	DeviceNet 连接器
		I	信号电缆连接器
		J	信号电缆连接器
		K	轴选择连接器
		L	轴选择连接器

● 第二代 IRC5 Compact 控制柜如图 2-10 所示，其接口按钮名称见表 2-5。第二代 IRC5 Compact 控制柜通信接口如图 2-11 所示，其名称见表 2-6。第二代 IRC5 Compact 控制柜 I/O 接口如图 2-12 所示，其说明见表 2-7。

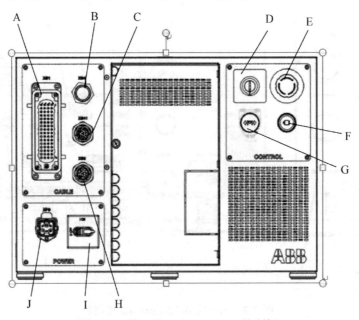

图 2-10　第二代 IRC5 Compact 控制柜

表 2-5　第二代 IRC5 Compact 控制柜接口按钮名称

序号	接口按钮名称	序号	接口按钮名称
A	机器人动力电缆接口	F	复位与上电按钮
B	示教器电缆接口	G	机器人本体松刹车按钮
C	力控制选项信号电缆入口	H	编码器电缆接口
D	运动模式转换开关	I	主电源控制开关
E	急停按钮	J	220V 电源插口

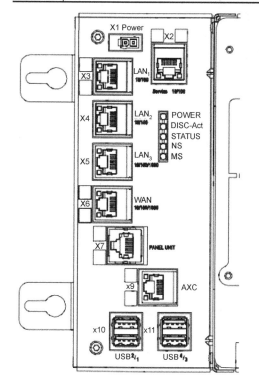

(a) 示意图

(b) 实物图

图 2-11　第二代 IRC5 Compact 控制柜通信接口

表 2-6　第二代 IRC5 Compact 控制柜通信接口名称

序号	接　口　名　称	序号	接　口　名　称
X1	电源	X6	WAN（连接工厂 WAN）
X2（黄）	Service(PC 连接)	X7（蓝）	面板
X3（绿）	LAN1（连接示教器）	X9（红）	轴计算机
X4	LAN2（连接基于以太网的选件）	X10	USB 端口
X5	LAN3（连接基于以太网的选件）	X11	USB 端口

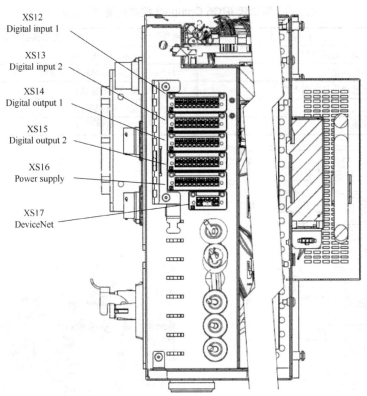

图 2-12　第二代 IRC5 Compact 控制柜 I/O 接口

表 2-7　第二代 IRC5 Compact 控制柜 I/O 接口说明

序号	I/O 类型	I/O 地址
XS12	八位数字输入	地址 0～7
XS13	八位数字输入	地址 8～15
XS14	八位数字输出	地址 0～7
XS15	八位数字输出	地址 8～15
XS16	24V/0V 电源	0V 和 24V 每位相间
XS17	DeviceNet 外部接口	

注意：图 2-12 为配置 DSQC652 板的范例；若配置的是 DSQC651 板，则没有 XS15，一般内部线已经接好，所以只需在外部端口接线就可以了。

知识拓展

数字输入、输出信号配置如图 2-13 和图 2-14 所示。

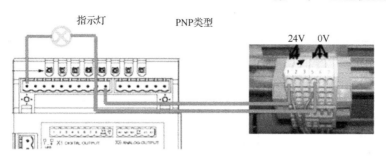

图 2-13　数字输出信号配置

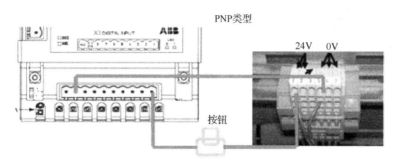

图 2-14　数字输入信号配置

3．示教器（FlexPendant）

（1）示教器简介。示教器是进行机器人的手动操作、程序编写、参数配置以及监控用的手持装置，也是最常用的机器人驱动装置。

● 示教器构造。示教器构造说明见表 2-8。

表 2-8　示教器构造说明

序号	示教器部件名称	
A	连接电缆	
B	触摸屏	
C	急停开关	
D	手动操作摇杆	
E	数据备份的 USB 接口	
F	使能器按钮	
G	触摸屏用笔	
H	示教器复位按钮	

续表

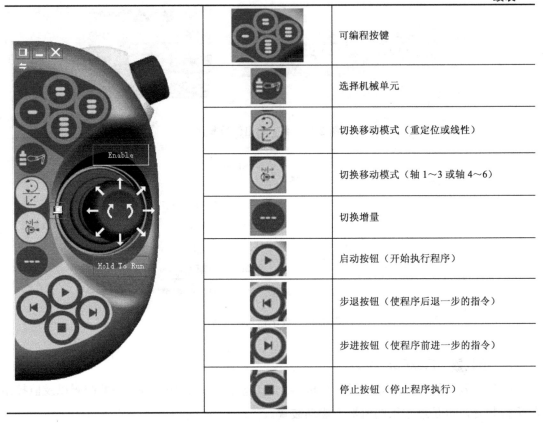

	可编程按键
	选择机械单元
	切换移动模式（重定位或线性）
	切换移动模式（轴 1～3 或轴 4～6）
	切换增量
	启动按钮（开始执行程序）
	步退按钮（使程序后退一步的指令）
	步进按钮（使程序前进一步的指令）
	停止按钮（停止程序执行）

● 示教器功能。示教器设备也称为 TPU 或教导单元，用于处理与机器人系统操作相关的许多功能，如运行程序、微动控制操纵器、修改机器人程序等。示教器由硬件和软件组成，其本身就是一套完整的计算机。示教器是 IRC5 的一个组成部分，通过集成电缆和连接器与控制柜连接。

（2）使用。在了解示教器的构造后，来看看应该如何手持示教器。

● 手持方式。操作示教器时，通常会手持该设备。右利手者通常左手手持设备，右手在触摸屏上操作，如图 2-15(a)所示；而左利手者可以轻松通过将显示器旋转180°，使用右手手持设备，如图 2-15(b)所示。

● 正确使用使能器按钮。使能器按钮是工业机器人为保证操作人员人身安全而设置的。使能器按钮位于示教器手动操作摇杆的右侧，操作者应用左手（或右手）的四个手指进行操作，如图 2-16 所示。使能器按钮分为三挡：在松弛状态下为第一挡，机器人处于防护装置停止状态；稍微用力按住使能器按钮，为第二挡状态，机器人处于"电机开启"状态，在该状态下可对机器人进行手动操作与程序调试；在第二挡的状态下用力紧按使能器按钮，为第三挡状态，机器人再次置为防护装置停止状态。使能器按钮通过三挡的设置，可以有效地避免因操作失误而带来的安全事故。

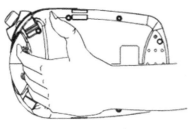

(a)左手手持示范图

(b)右手手持示范图

图 2-15　手持示教器示范图

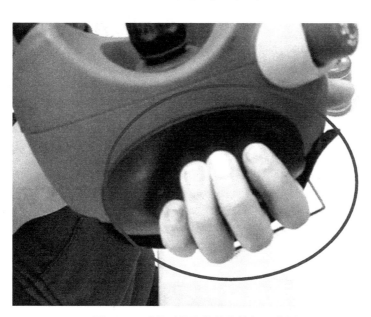

图 2-16　手持示教器使能器按钮示范图

● 操纵杆的操作技巧。我们可以将机器人的操纵杆比作汽车的油门，操纵杆的操纵幅度是与机器人的运动速度相关的。手持示教器通过操纵杆操纵机器人如图 2-17 所示。操纵幅度较小则机器人运动速度较慢，操纵幅度较大则机器人运动速度较

快。所以，大家在开始手动操纵学习的时候，尽量以小幅度操纵使机器人慢慢运动，保证人身安全和不损坏机器人及周边设备。

图 2-17　手持示教器通过操纵杆操纵机器人

（3）界面介绍。开机界面如图 2-18 所示，其对应说明见表 2-9。

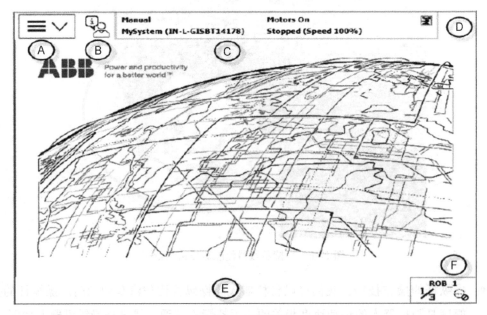

图 2-18　开机界面

表 2-9 开机界面对应说明

项 目	名 称
A	ABB 菜单
B	操作员窗口
C	状态栏
D	关闭按钮
E	任务栏
F	快速设置菜单

状态栏会显示目前状态的相关信息，如操作模式、系统、活动机械单元。

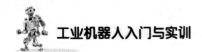

任务实施

本节任务实施见表 2-10 和表 2-11。

表 2-10 ABB 机器人的系统组成任务书

姓　　名		任务名称	ABB 机器人的系统组成
指导教师		同组人员	
计划用时		实施地点	
时　　间		备　　注	
任 务 内 容			

1．掌握 ABB 机器人的技术指标，如有效负载和作业行程；
2．掌握 ABB 机器人的系统组成；
3．熟悉示教器的按钮和使用功能。

考核内容	能描述 ABB 机器人的技术指标
	能分辨 ABB 机器人的运动轴（关节）名称
	熟悉示教器界面和组成
	能准确描述机器人本体和控制器的接口位置及其功能

资　　料	工　　具	设　　备
教材		
		ABB 单工站

表 2-11　ABB 机器人的系统组成任务完成报告表

姓　　名		任务名称	ABB 机器人的系统组成
班　　级		同组人员	
完成日期		分工内容	

1. 填空题

（1）IRB 1200 -5/0.9 和 IRB 1200 -7/0.7 这两款 ABB 机器人的有效载荷分别是＿＿＿kg 和＿＿＿kg，最大行程范围是＿＿＿＿mm 和＿＿＿mm。

（2）IRB 1200 有＿＿＿个运动轴（关节），也可以说机器人 TCP 有＿＿＿个自由度。

2. 下图是 ABB 机器人 IRB 1200 本体的部分截图，请指出所有的连接接口，并说明其用途。

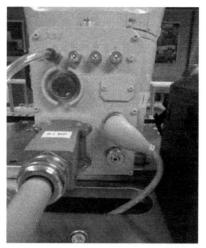

2.2　IRC5 系统的备份与恢复

在机器人正常运行状态下，定期对 ABB 机器人的数据进行备份，是保证 ABB 机器人正常工作的良好习惯。当机器人出现数据错乱或重装系统后，可以通过备份快速地把机器人的系统设置和程序恢复到备份的状态，为快速恢复机器人的最佳状态提供便利。

 知识准备

数据的备份和恢复有两种途径：一是使用示教器，把系统备份到控制器闪存，或者 USB 外接存储设备；二是使用仿真软件 RobotStudio，直接备份到 PC。下面以示教器备份与恢复为例，介绍其操作过程。

在进行恢复时，需要注意：备份数据具有唯一性，不能将一台机器人的备份数据恢复到另一台机器人中去，否则，会导致系统故障。

但是，也常会将程序与 I/O 的定义做成通用的，方便批量生产时使用。这时需要分别导入程序和 EIO 文件。

2.2.1　系统备份

系统备份第一步如图 2-19 所示。

图 2-19　系统备份第一步

系统备份第二步如图 2-20 所示。

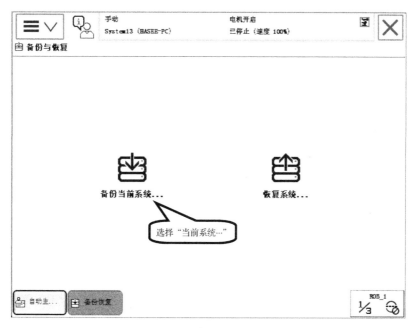

图 2-20　系统备份第二步

系统备份第三步如图 2-21 所示。

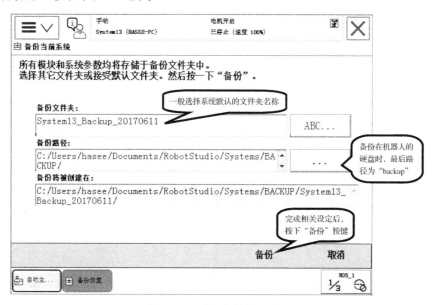

图 2-21　系统备份第三步

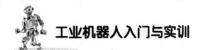

系统备份第四步如图 2-22 所示。

图 2-22　系统备份第四步

系统备份第五步如图 2-23 所示。

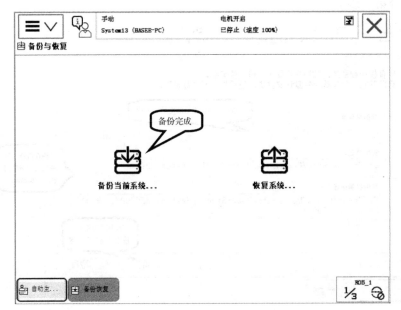

图 2-23　系统备份第五步

2.2.2　系统恢复

系统恢复第一步如图 2-24 所示。

图 2-24　系统恢复第一步

系统恢复第二步如图 2-25 所示。

图 2-25　系统恢复第二步

系统恢复第三步如图 2-26 所示。

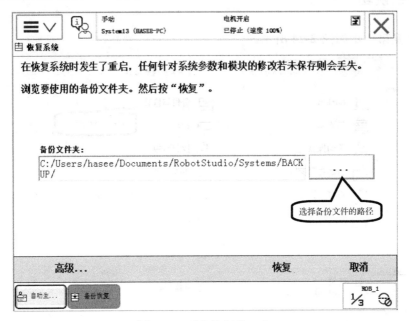

图 2-26　系统恢复第三步

系统恢复第四步如图 2-27 所示。

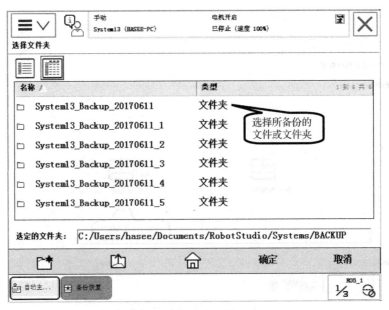

图 2-27　系统恢复第四步

系统恢复第五步如图 2-28 所示。

图 2-28　系统恢复第五步

系统恢复第六步如图 2-29 所示。

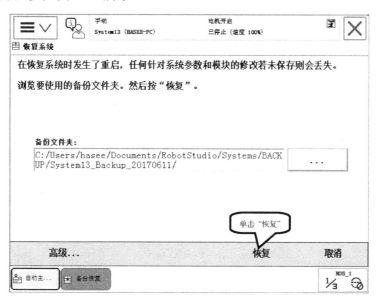

图 2-29　系统恢复第六步

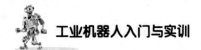

系统恢复第七步如图 2-30 所示。

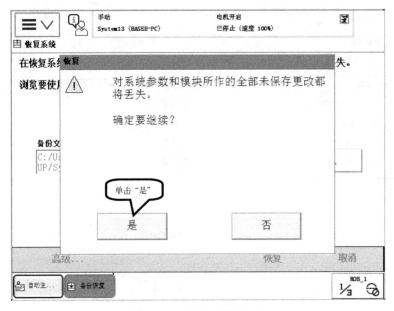

图 2-30　系统恢复第七步

系统恢复第八步如图 2-31 所示。

图 2-31　系统恢复第八步

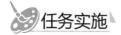 任务实施

本节任务实施见表 2-12 和表 2-13。

表 2-12　备份与恢复任务书

姓　名		任务名称	备份与恢复
指导教师		同组人员	
计划用时		实施地点	
时　间		备　注	
任　务　内　容			

1. 掌握系统备份与恢复的意义及应用；
2. 掌握系统备份与恢复的步骤。

考核内容	能够描述系统备份与恢复的意义及应用
	能够按照要求，完成系统备份与恢复

资　料	工　具	设　备
教材		
		ABB 单工站

表 2-13　备份与恢复任务完成报告表

姓　　名		任务名称	备份与恢复
班　　级		同组人员	
完成日期		分工任务	

1．请描述系统数据备份与恢复的作用。

2．请在示教器上完成系统数据的备份与恢复，备份文件的创建路径选择 USB。

2.3 校   准

对于不同的报错信息，机器人校准的方法不一样，下面主要介绍更新转数计数器。

 知识准备

2.3.1 更新转数计数器

机器人有个转数计数器，是用独立电池供电的，用于记录各个轴的电机编码器数据。

1. 机械原点

ABB 六轴机器人的 6 个关节轴都有一个机械原点的位置，机械原点所对应的是电机的绝对编码器为 0 的位置。各种型号的机器人，其机械原点的刻度位置不同。下面介绍 ABB 机器人 IRB 1200（见图 2-32）的机械原点位置，如图 2-33 所示。

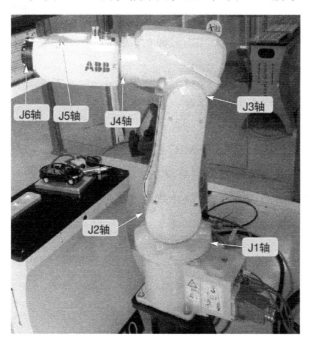

图 2-32 IRB 1200

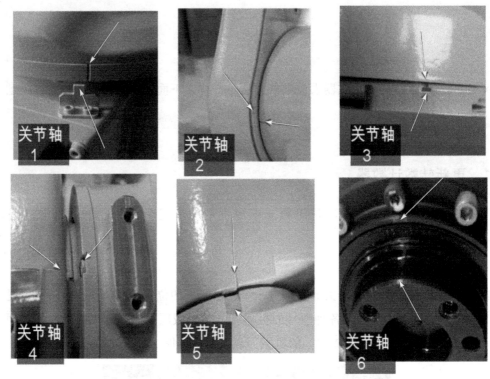

图 2-33　IRB 1200 的机械原点示意图

在下列情况下，需要进行转数计数器更新操作：

（1）更换电机转数计数器的电池后；

（2）当转数计数器发生故障并修复后；

（3）转数计数器与串行测量板（SMB）之间断开过以后；

（4）断电后，机器人关节轴发生了移动；

（5）当系统报警提示"10036"转数计数器未更新时。

2．更新转数计数器的步骤

更新转数计数器第一步：根据 4—5—6—1—2—3 的轴顺序，选择"轴运动模式"，将各轴回到机械原点刻度位置。

更新转数计数器第二步如图 2-34 所示。

更新转数计数器第三步如图 2-35 所示。

图 2-34　更新转数计数器第二步

图 2-35　更新转数计数器第三步

更新转数计数器第四步如图 2-36 所示。

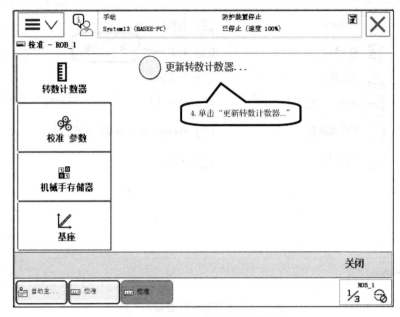

图 2-36　更新转数计数器第四步

更新转数计数器第五步如图 2-37 所示。

图 2-37　更新转数计数器第五步

更新转数计数器第六步如图 2-38 所示。

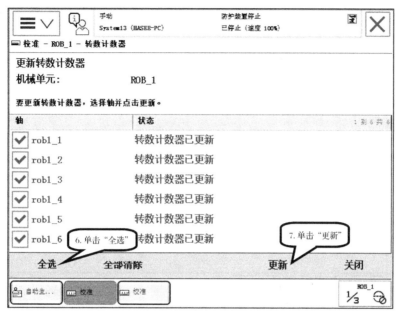

图 2-38　更新转数计数器第六步

更新转数计数器第七步如图 2-39 所示。

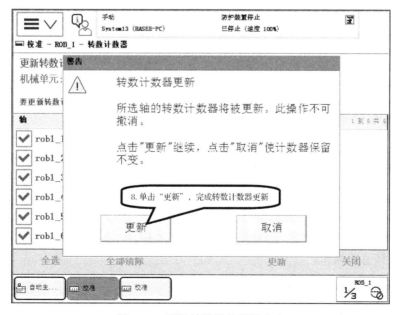

图 2-39　更新转数计数器第七步

更新转数计数器第八步如图 2-40 所示。

图 2-40　更新转数计数器第八步

2.3.2　编辑电机偏移参数

1．电机偏移值

理论上，机械原点即电机编码器零点。每一个轴都有一个编码器，而且是绝对编码器，有一个零点位置（电气零点）。机器人的目标点数据或坐标数据等都是基于这个编码器的零点决定的。如果原点丢失，则线性、参考坐标系的运动都是不准确的，需要更新电机偏移值的数值。

在出厂前，电机安装的机械原点是有偏差的。只需将机器人各轴移动到同步标记位的范围内，更新电机偏移参数，系统就会初始化电机位置，使机器人找到真正的机械原点。

当出现"50295"、"50296"或其他与 SMB 有关的报警时，需要对机械原点的位置进行更新电机偏移值的操作。

2．更新电机偏移值的操作

简单地说，将机器人底座后贴纸上的 6 个电机参数值准确输入即可。

更新电机偏移值的操作第一步如图 2-41 所示。

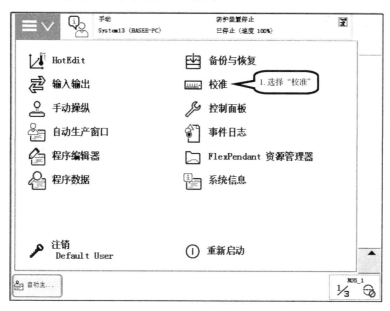

图 2-41 更新电机偏移值操作第一步

更新电机偏移值的操作第二步如图 2-42 所示。

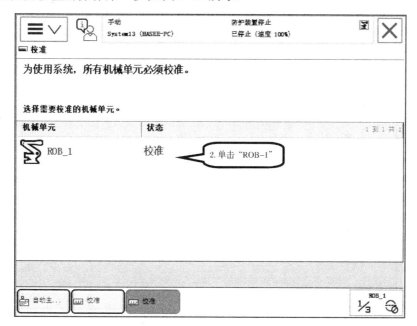

图 2-42 更新电机偏移值操作第二步

更新电机偏移值的操作第三步如图 2-43 所示。

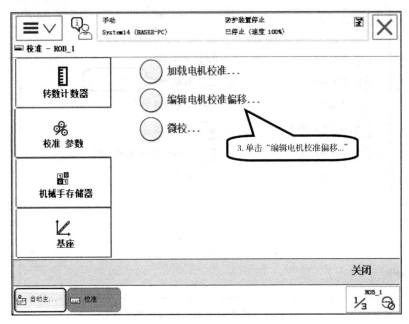

图 2-43　更新电机偏移值操作第三步

更新电机偏移值的操作第四步如图 2-44 所示。

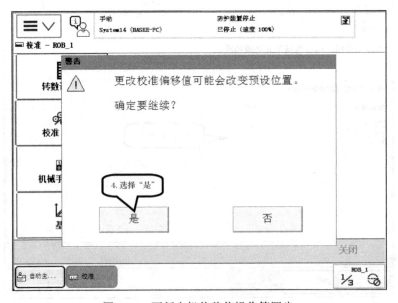

图 2-44　更新电机偏移值操作第四步

更新电机偏移值的操作第五步，把电机偏移值准确输入后，单击"确定"，如图 2-45 所示。

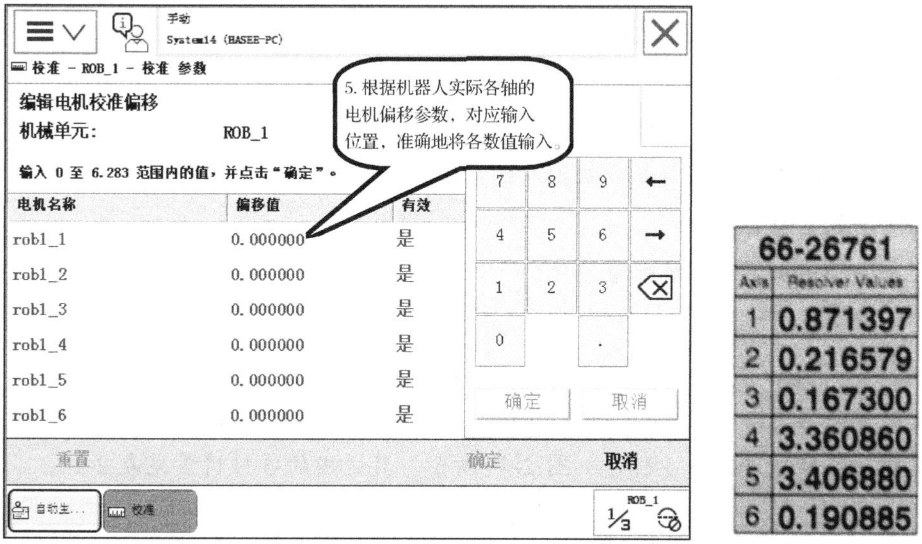

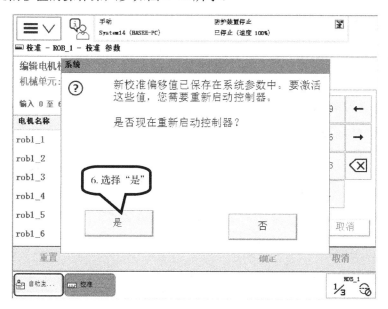

图 2-45 更新电机偏移值操作第五步

更新电机偏移值的操作第六步如图 2-46 所示。

图 2-46 更新电机偏移值操作第六步

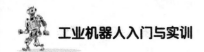

重新启动控制器后，电机偏移参数更新完毕。一般情况下，会再进行转数计数器的更新。

知识拓展

在下列情况下需要重新启动机器人的系统：

（1）安装了新的硬件；

（2）更改了机器人系统配置参数；

（3）出现系统故障；

（4）RAPID 程序出现程序故障。

重新启动示意图如图 2-47 和图 2-48 所示。使用当前系统参数设置，重新启动当前系统。其中，高级重启分为 5 种，如图 2-49 所示，其适用的各种情景见表 2-14。

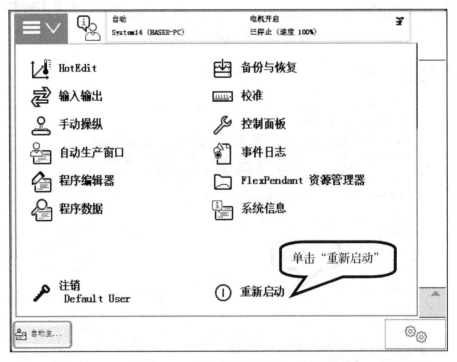

图 2-47　重新启动示意图（一）

图 2-48　重新启动示意图（二）

图 2-49　高级重启

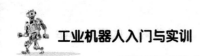

表 2-14 高级启动所适用的各种情景

高 级 重 启	适 用 情 景
重启	保存当前系统状态，重新启动当前系统
重置系统	丢弃当前的系统参数配置和 RAPID 程序，使用原始的系统配置，控制柜重启
重置 RAPID	丢弃当前 RAPID 程序和数据，保留当前的系统参数配置，控制柜重启
恢复到上次自动保存的状态	加载上次自动保存的系统状态，控制柜重启。应在发生系统崩溃时恢复使用
关闭主计算机	主计算器将关闭。应在控制器 UPS 发生故障时使用

 **任务实施**

本节任务实施见表 2-15 和表 2-16。

表 2-15 校准操作任务书

姓 名		任务名称	校准
指导教师		同组人员	
计划用时		实施地点	
时 间		备 注	
任 务 内 容			

1. 辨识不同类型机器人的机械原点刻度位置；
2. 掌握机械原点、转数计数器、电机偏移值的概念；
3. 掌握更新转数计数器的操作；
4. 掌握编辑电机偏移值的操作。

考核内容	能够描述机械原点、转数计数器、电机偏移值的概念
	能根据不同的报错信息，选择正确的校准方法

资 料	工 具	设 备
教材		
		ABB 单工站

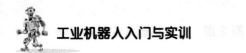

表 2-16　机器人安全操作规程任务完成报告表

姓　名		任务名称	机器人安全操作规程
班　级		同组人员	
完成日期		分工任务	

1. 简述机械原点、转数计数器、电机偏移值的概念和它们之间的联系。

2. 实操题

　　选择 IRB 1200 这款 ABB 机器人，依次完成更新电机偏移值和转数计数器操作。

2.4 ABB 机器人的手动操作

本节主要介绍 ABB 机器人的三种运动模式，分别是轴运动、线性运动和重定位运动。

 知识准备

2.4.1 手动操作的界面介绍

1. 手动操作

第一步：进入手动操作界面，如图 2-50 和图 2-51 所示。

图 2-50 进入手动操作界面（一）

操纵杆可 45°方向操作，且偏离中心位置越远，机器人运动就越快。动作开始时会有滞后和加速延时，不要频繁用力扳动操纵杆。

第二步（见图 2-52）：选择要操纵的机械单元，再单击"确认"按钮，可在多个机器人和外部轴之间切换控制。可用图示按钮 循环选择。

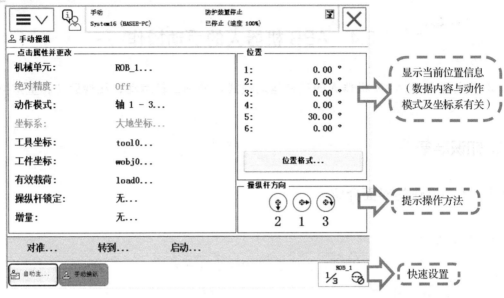

图 2-51　进入手动操作界面（二）

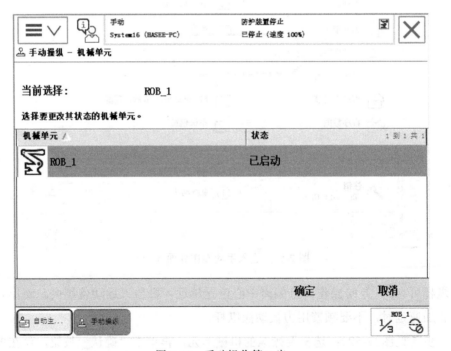

图 2-52　手动操作第二步

第三步（见图 2-53）：选择合适的运动模式，再单击"确认"按钮，可在三种运动模式之间切换控制。可用图示按钮 循环选择线性运动或重定位运动，用图示按钮 循环选择 1/2/3 单轴运动或 4/5/6 单轴运动。

图 2-53　手动操作第三步

第四步：增量模式选择，如图 2-54 所示。单击"增量"或，选择增量模式，其增量对照见表 2-17。

图 2-54　增量模式选择

表 2-17　增量模式对照表

增　　量	移动距离/mm	角度/(°)
小	0.05	0.005
中	1	0.02
大	5	0.2
用户	自定义	自定义

操纵杆每位移一次，机器人就移动一步。选择不同的增量，每一步运动的距离也有所不同。如果操纵杆持续一秒或数秒，机器人就会持续移动。

如果对使用操纵杆通过位移幅度来控制机器人运动的速度还不熟练，那么可以使用增量模式来控制机器人的运动。

2. 快捷设置

单击快速设置窗口 ，示教器界面如图 2-55 所示。

图 2-55 示教器界面

（1）单击选择机械单元及动作模式、坐标系，如图 2-56 所示。

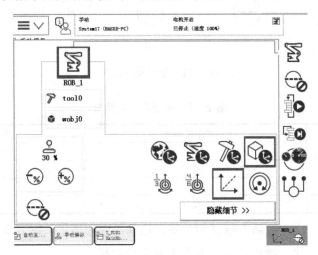

图 2-56 机械单元及动作模式、坐标系选择

80

（2）单击选择增量尺寸，如图 2-57 所示。

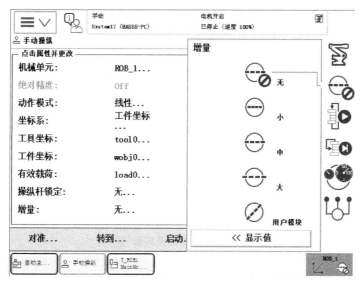

图 2-57　增量尺寸选择

（3）运行模式选择（见图 2-58），可以在单周运行和连续运行之间切换。

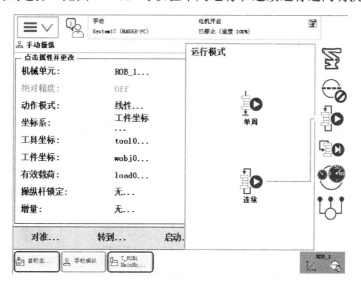

图 2-58　运行模式选择

（4）步进模式选择如图 2-59 所示。

步进入：单步进入已调用的例行程序并逐步执行它们。

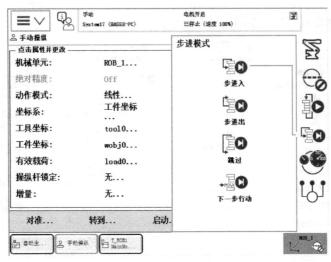

图 2-59　步进模式选择

步退出：执行当前例行程序的其余部分，然后在例行程序中的下一指令处（即调用当前例行程序的位置）停止，无法在 Main 例行程序中使用。

跳过：一步执行调用的例行程序。

下一步行动：步进到下一条运动指令。在运动指令之前和之后停止，以便执行某些功能，比如修改位置。

（5）程序运行速度的调节，如图 2-60 所示。

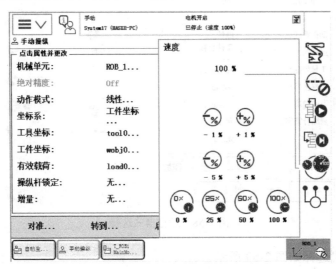

图 2-60　速度调节

2.4.2   动作模式

动作模式选择如图 2-61 所示。

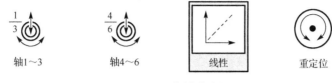

图 2-61   动作模式选择

TCP：工具中心点，也就是操作者的控制点。示教后所记录的数据，就是 TCP 在指定坐标系下所保存的数据（空间位置/速度/轴配置）。

Tool0：默认工具点，出厂时默认位于最后一个轴安装法兰的中心。安装工具或发生工具碰撞后，TCP 将发生变化。为了实现精确运动控制，需要重新对操作点进行 TCP 标定。

1．单轴运动

单轴运动示意图如图 2-62 所示。图中的 ABB 机器人是由六个伺服电动机分别驱动机器人的六个关节轴，在单轴运动模式下，可以单独操作机器人的某一个轴，而其他的轴保持相对不变。各轴均可单独正向或反向运动。单轴运动适合机器人大范围运动。

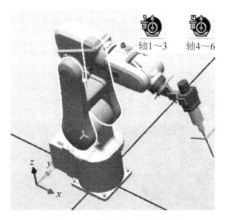

图 2-62   单轴运动示意图

2．线性运动

控制机器人 TCP 沿着指定的参考坐标系的坐标轴方向进行移动，在移动过程中工具的姿态是不变的，常用于在空间中移动机器人的 TCP 位置。线性运动示意图如图 2-63 所示。

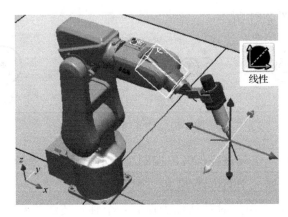

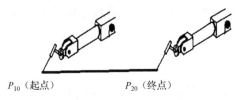

P_{10}（起点）　　　　　　P_{20}（终点）

图 2-63　线性运动示意图

3. 重定位

机器人的重定位运动（见图 2-64）是指机器人第六轴法兰盘上的工具 TCP 点在空间中绕着工具坐标系旋转的运动，也可理解为机器人绕着工具 TCP 点作姿态调整的运动。

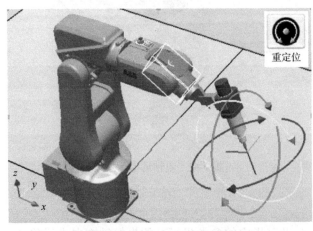

图 2-64　机器人的重定位运动示意图

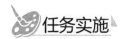任务实施

本节任务实施见表 2-18 和表 2-19。

表 2-18 ABB 机器人的手动操作任务书

姓 名		任务名称	ABB 机器人的手动操作
指导教师		同组人员	
计划用时		实施地点	
时 间		备 注	

任 务 内 容
1. 熟悉示教器的手动操作界面； 2. 掌握快捷设置的软按钮的用途； 3. 掌握 ABB 机器人的动作模式的分类及其特点； 4. 掌握 TCP 和默认工具点（tool0）的概念； 5. 掌握切换动作模式的操作。

考核内容	能够描述三种动作模式的特点
	能够描述 TCP 和默认工具点（tool0）的概念
	能够切换不同动作模式进行手动操作

资 料	工 具	设 备
教材		
		ABB 单工站

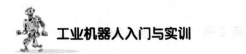

表2-19　ABB机器人的手动操作任务完成报告表

姓　　名		任务名称	ABB机器人的手动操作
班　　级		同组人员	
完成日期		分工任务	

1. 填空题

（1）TCP是_____。示教后所记录的数据，就是TCP在指定坐标系下所保存的数据。

（2）Tool0是指_____，出厂时默认位于最后一个轴安装法兰的中心。

（3）IRB 1200有____个运动轴（关节），也可以说机器人TCP有____个自由度。

（4）机器人运动模式可分为_____、_____和重定位运动。_____运动表示可以独立操作机器人某一个关节正向或反向运动。线性运动是指机器人_____在坐标系下中做线性运动。

2. 什么情况下需要重新对操作点进行TCP标定？

3. 实操题

分别切换三种运动模式操作机器人，并说明各自的运动特点。

考核与评价

本章考核与评价见表 2-20～表 2-22。

表 2-20　学生自评表

项目名称	工业机器人的手动操纵						
班　级		姓　名		学　号		组　别	
评价项目	评价内容				评价结果（好/较好/一般/差）		
专业能力	掌握 ABB 机器人的技术指标和系统组成						
	熟悉示教器的按键和使用功能						
	掌握备份与恢复的步骤						
	掌握校准的步骤						
	熟记工业机器人的运动轴（关节）在不同运动模式下的运动特点						
方法能力	能够遵守安全操作规程						
	会查阅、使用说明书及手册						
	能够对自己的学习情况进行总结						
	能够如实对自己的情况进行评价						
社会能力	能够积极参与小组讨论						
	能够接受小组的分工并积极完成任务						
	能够主动对他人提供帮助						
	能够正确认识自己的错误并改正						
自我评价及反思							

表 2-21　学生互评表

项目名称	工业机器人的手动操纵			
被评价人	班　级		姓　名	学　号
评价人				
评价项目	评 价 内 容			评价结果（好/较好/一般/差）
团队合作	A. 合作融洽			
	B. 主动合作			
	C. 可以合作			
	D. 不能合作			
学习方法	A. 学习方法良好，值得借鉴			
	B. 学习方法有效			
	C. 学习方法基本有效			
	D. 学习方法存在问题			
专业能力（勾选）	掌握 ABB 机器人的技术指标和系统组成			
	熟悉示教器的按键和使用功能			
	掌握备份与恢复的步骤			
	掌握校准的步骤			
	熟记工业机器人的运动轴（关节）在不同运动模式下的运动特点			
综合评价				

表 2-22　教师评价表

项目名称	工业机器人的手动操作				
被评价人	班　级		姓　名	学　号	
评价项目	评 价 内 容			评价结果（好/较好/一般/差）	
专业 认知能力	掌握 ABB 机器人的技术指标和系统组成				
	熟悉示教器的按键和使用功能				
	掌握备份与恢复的步骤				
	掌握校准的步骤				
	熟记工业机器人的运动轴（关节）在不同运动模式下的运动特点				
专业 实践能力	能分辨工业机器人的运动轴（关节）名称				
	能够简单介绍控制面板上的接口按键				
	能熟练完成系统备份和恢复				
	能根据报错信息，合理选择校准方法进行校准				
	能设置示教器操作环境（语言、系统时间和用户按钮）				
	能够熟练进行机器人运动模式和运动轴的选择				
	能够遵守安全操作规程				
	能够认真填写报告记录				
社会能力	能够积极参与小组讨论				
	能够接受小组的分工并完成任务				
	能够主动对他人提供帮助				
	能够正确认识自己的错误并改正				
	善于表达与交流				
综合评价					

思考与练习

线性运动是指 TCP 在坐标系做线性运动，ABB 机器人的坐标系有哪些，各自有什么特点？

第 3 章

工业机器人的坐标设定

本章结合第 2 章工业机器人的手动操作学习，主要目的在于强化学员对机器人在常见坐标系下（世界、大地、工具、工件坐标系等）运动特点的理解，同时要求掌握工具坐标系创建原理和步骤，以及工件坐标系创建原理和步骤。

 学习目标

知识目标

（1）熟悉示教器的按键及使用功能；

（2）掌握机器人运动轴与坐标系；

（3）掌握创建工具坐标系的原理及方法；

（4）掌握创建工件坐标系的原理及方法。

技能目标

（1）能够熟练进行机器人坐标系和工具坐标系的选择；

（2）能够规范创建工具坐标系；

（3）能够规范创建工件坐标系。

 任务分配

3.1　认识工业机器人坐标系；

3.2　创建工具坐标系；

3.3　创建工件坐标系。

3.1 认识工业机器人坐标系

工业机器人的运动实际上是根据不同作业内容、轨迹要求，在不同坐标系下的运动。对机器人进行示教或手动操作时，根据实际情况会选择不同的坐标系。

本节介绍工业机器人的不同坐标系的分类及特点。

 知识准备

3.1.1 坐标系的概念

为了说明某点的位置运动的快慢、方向等，必须选取其坐标系。在参照系中，为确定空间一点的位置，按照规定方法选取有次序的一组数据，这组数据称为"坐标"。简单地说，机器人坐标系是指为确定机器人的位置和姿态而在机器人或空间上进行的位置指标系统。

操作机器人时，常常使用关节坐标系和笛卡尔坐标系。笛卡尔坐标系包括世界坐标系、基坐标系、工具坐标系、工件坐标系。

常用坐标系的分类如图 3-1 所示。

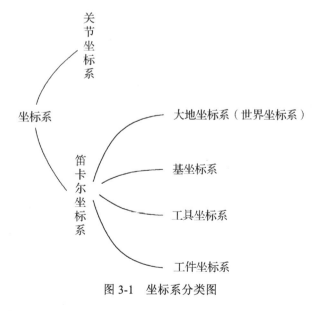

图 3-1 坐标系分类图

在《工业机器人坐标系和运动命名原则》（GB/T 16977-2005）中，对工业机器人的坐标系进行了相关定义：绝对坐标系是与机器人的运动无关，以地球为参照系的固定坐标系；机座坐标系是以机器人机座安装平面为参照系的坐标系；而 ABB 机器人中，大地坐标系属于绝对坐标系，基坐标系属于机座坐标系；对于固定安装的机器人，当安装完成后，坐标系之间的对应关系也就唯一确定了。ABB 机器人系统各类坐标系如图 3-2 所示。

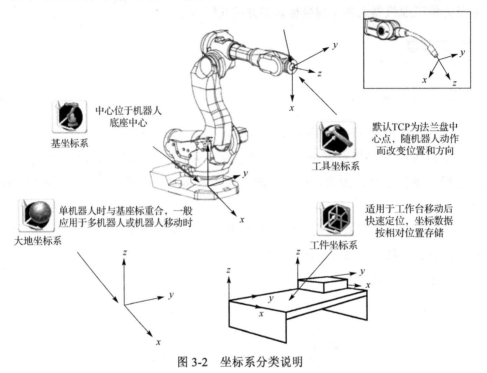

图 3-2　坐标系分类说明

大部分工业机器人系统都具有基坐标系、世界坐标系、工具坐标系和工件坐标系。本章以 ABB 机器人为例，重点介绍这四种坐标系。

3.1.2　ABB 机器人四种坐标系

1．基坐标系

基坐标系（见图 3-3）在机器人基座中有相应的零点，这使固定安装的机器人的移动具有可预测性，因此，基坐标系对于将机器人从一个位置移动到另一个位置很有帮助。

2．大地坐标系

大地坐标系（见图 3-4）在工作单元或工作站中的固定位置有其相应的零点，这使得若干个机器人或由外轴移动的机器人具有统一的参照系。在单台固定安装机器人的情况下，大地坐标系与基坐标系是一致的。

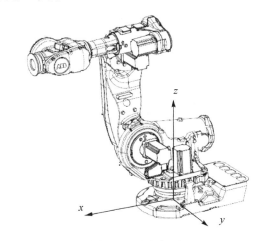

图 3-3　基坐标系

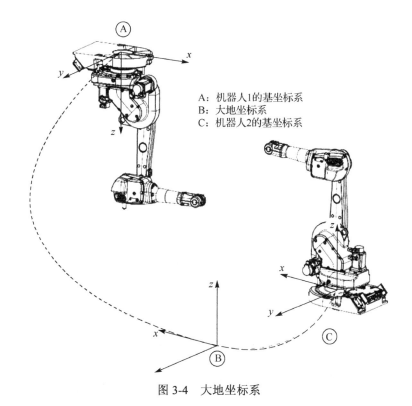

A：机器人1的基坐标系
B：大地坐标系
C：机器人2的基坐标系

图 3-4　大地坐标系

3．工具坐标系

工具坐标系（见图 3-5）是以安装在法兰盘上的末端执行器为参照系的坐标系，所以工具坐标随法兰盘运动而发生改变。工具坐标系的原点也称工具中心点（TCP，Tool Center Point）。在执行程序时，机器人就是将 TCP 移至编程要求位置。

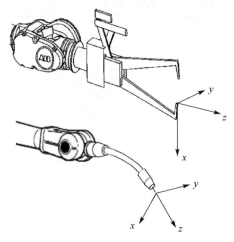

图 3-5　工具坐标系

4．工件坐标系

工件坐标系（见图 3-6）是拥有特定附加属性的坐标系，它主要用于简化编程。工件坐标系拥有两个框架：用户框架（与大地基座相关）和目标框架（与用户框架相关）。

A：用户框架
B：目标框架1
C：目标框架2

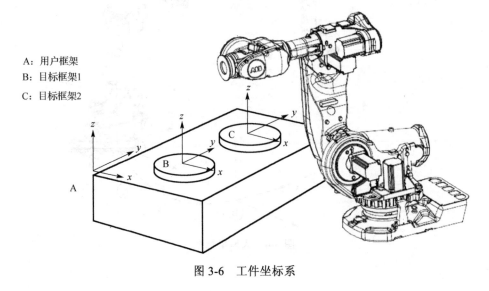

图 3-6　工件坐标系

工件坐标系中的用户框架与目标框架两个概念容易混淆，用户框架是基于工作台，目标框架是基于作业的工件，且目标框架被包含于用户框架。

注意：

（1）机器人在关节坐标系下完成的动作，同样在直角坐标下可以完成。

（2）机器人在关节坐标系下的动作是单轴运动，而在直角坐标系下则是多轴联动。

工业机器人入门与实训

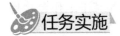任务实施

本节任务实施见表 3-1 和表 3-2。

表 3-1　认识机器人坐标系任务书

姓　名		任务名称	认识机器人坐标系
指导教师		同组人员	
计划用时		实施地点	
时　间		备　注	

任 务 内 容
1. 熟悉工业机器人坐标系的基本概念； 2. 熟悉基坐标系、大地坐标系、工具坐标系和工件坐标系的基本概念； 3. 掌握基坐标系、大地坐标系、工具坐标系和工件坐标系的基本使用方法； 4. 通过网络的形式，查找 KUKA、FANUC 等公司的一种工业机器人坐标系定义方式，通过 PPT 介绍其功能。

考核项目	描述基坐标系、大地坐标系、工具坐标系和工件坐标系的概念
	能根据现场情况选择相应坐标系
	写出 KUKA、FANUC 等公司工业机器人坐标系定义方式的 PPT

资　料	工　具	设　备
工业机器人安全操作规程		
教材		
		ABB 机器人单工站

表 3-2　认识机器人坐标系任务完成报告表

姓　　名		任务名称	认识机器人坐标系
班　　级		同组人员	
完成日期		分工内容	

1. 请标注下图所示各坐标系的名称。

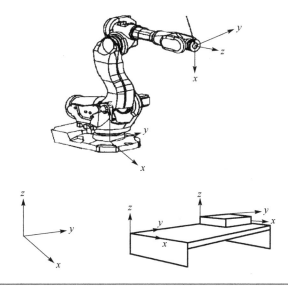

2. 试着简单描述基坐标系、大地坐标系、工具坐标系和工件坐标系的区别与应用场景。

3. 通过网络查找一种其他机器人公司的工业机器人坐标系定义方式，并画出简要示意图。

3.2 创建工具坐标系

在进行正式的编程前，就需要构建必要编程环境，比如新建运行程序、创建三个必需的程序数据（工具数据、工件数据和载荷数据）等。本节详细介绍创建工具坐标系。

 知识准备

3.2.1 工具坐标系概念

工具数据（Tooldata）用于描述安装在机器人末端轴工具的 TCP、质量、重心等参数数据。其中，TCP 为机器人系统的控制点，出厂默认位于最后一个运动轴或安装法兰的中心。安装工具之后，需重新定义 TCP。

一般不同用途的机器人配置不同的工具，比如，弧焊机器人就是一把弧焊枪作为工具，安装工具后定义的 TCP 如图 3-7 所示，而搬运码垛机器人会使用吸附式或抓取式的夹具作为工具。

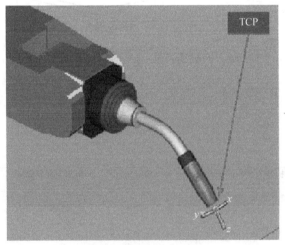

图 3-7 安装工具后的 TCP

所有的机器人法兰盘处都有一个预定义工具坐标系，该坐标系被称为 tool0，如图 3-8 所示。用户自行创建的工具坐标系可以定义为 tool0 的偏移值。

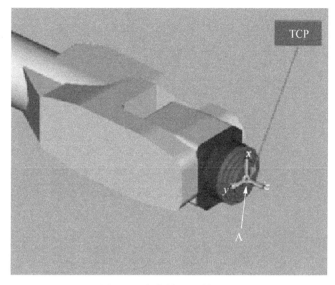

图 3-8　未安装工具的 TCP

3.2.2　工具坐标系设定原理

大多数工业机器人都具备工具坐标系多点标定功能，这类标定包含工具中心点（TCP）位置多点标定和工具坐标系（TCF）姿态多点标定。TCP 位置标定是几个标定点 TCP 位置重合，从而计算出 TCP，即工具坐标系原点相对于 tool0 的位置，如四点法；而 TCF 姿态标定是使几个标定点之间具有特殊的方位关系，从而计算出工具坐标系相对于 tool0 的姿态，比如五点法、六点法。

为了获得准确的 TCP，下面以六点法为例进行操作，如图 3-9 所示。

（1）在机器人工作范围内找一个非常精确的固定点作为参考点。

（2）在工具上确定一个固定点，创建成功后，该点即为工具中心点。

（3）用之前介绍的手动操纵机器人的方法，以四种不同的工具姿态尽可能地与固定点刚好碰上。其中，第 4 点使用工具的参考点垂直于固定点，第 5 点是工具参考点从固定点向将要设定为 TCP 的 x 轴方向移动，第 6 点是工具参考点从固定点向将要设定为 TCP 的 z 轴方向移动。前四点是计算 TCP 的位置，后两点是确定 TCP 的姿态。

（4）机器人通过这六个位置点的位置数据计算出 TCP 的数据，然后 TCP 的数据就保存在 Tooldata 这个程序数据中被程序调用。

(a)位置点 1

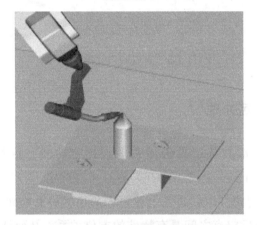

(b)位置点 2

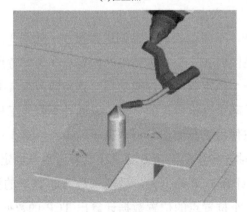

(c)位置点 3

图 3-9　六点法

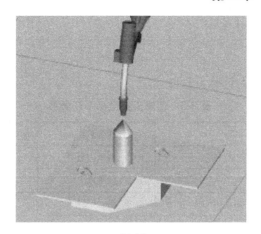

(d)位置点 4

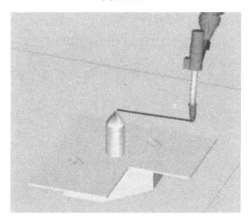

(e)沿 x 轴方向移动

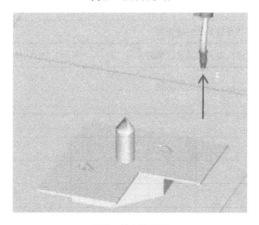

(f)沿 z 轴方向移动

图 3-9　六点法（续）

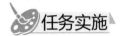任务实施

本节任务实施见表3-3和表3-4。

表3-3　创建工具坐标系任务书

姓　　名		任务名称	创建工具坐标系
指导教师		同组人员	
计划用时		实施地点	
时　　间		备　　注	

任 务 内 容

　　按照下图要求，设置 ABB 机器人的工具坐标系，命名为"tool1"，通过示教器选取设定的工具坐标系，并手动操作，观察比较用默认工具坐标系、自定义工具坐标系的区别。

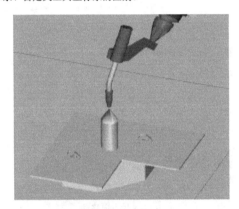

考核内容	工具坐标系的创建步骤
	描述机器人工具坐标系的作用

资　　料	工　　具	设　　备
教材		
		ABB 机器人单工站

表 3-4　创建工具坐标系任务完成报告表

姓　　名		任务名称	创建工具坐标系
班　　级		同组人员	
完成日期		分工任务	

1. 简述工具坐标系的作用。

2. 创建工具坐标系，命名为"tool1"，并简要说明创建步骤。

3.3 创建工件坐标系

工业机器人可以拥有若干个工件坐标系，或者表示不同工件，或者表示同一个工件在不同位置的若干个副本。同时，在一些特殊场合，使用工件坐标系可以很方便地对机器人进行示教，机器人 TCP 能快速便捷地到达指定点。

 知识准备

3.3.1 工件坐标系概念

工件坐标系对应工件，它定义工件相对大地坐标（或其他坐标）的位置。工件坐标系是以操作机器人示教三个点来定义的，如图 3-10 所示，O、A、B 为三个定义点。

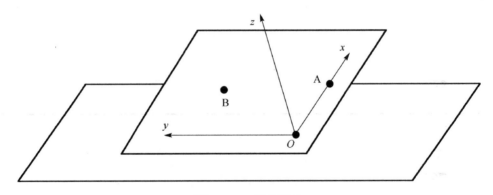

图 3-10　工件坐标系

O 为原点，A 为 x 轴正方向上的一点、B 为工件坐标系 y 轴正方向一侧 xy 面上（第一象限）的一点，此点可以决定 y 轴和 z 轴的方向。

对机器人进行编程时就是在工件坐标系中创建目标和路径。

（1）重新定位工作站中的工件时，只要更改工件坐标系的位置，原工件坐标系下的路径将即刻随之更新。

（2）允许操作随外轴或传送导轨移动的工件，因为整个工件可连同其路径一起移动。

3.3.2　工件坐标系的应用

建立工件坐标系如图 3-11 所示，A 是机器人的大地坐标系，为了方便编程为第一个工件建立了一个工件坐标系 B，并在这个工件坐标系 B 进行轨迹编程。

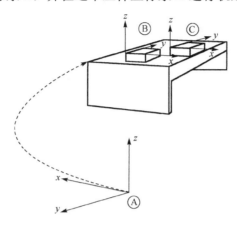

图 3-11　建立工件坐标系

如果台子上还有相同的工件需要运行相同的路径，那需要再建立一个工件坐标系 C，将工件坐标系 B 中的轨迹复制，然后将工件坐标系从 B 更换 C，则无须对一样的工件进行重复的轨迹编程。

工件坐标系偏移如图 3-12 所示，在工件坐标 B 中对 A 进行了轨迹编程。如果工件坐标系的位置变化成工件坐标系 D 后，只需在机器人系统重新定义工件坐标系 D，则机器人的轨迹就自动更新到 C，不需要再次轨迹编程。因 A 相对于 B、C 相对于 D 的关系是一样，并没有因为整体偏移而发生变化。

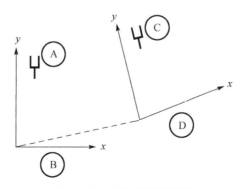

图 3-12　工件坐标系偏移

3.3.3　工件坐标创建原理

以 ABB 机器人为例，工件坐标系采用用户三点法创建（见图 3-13），其原理如下：在对象的平面上，只需要定义三个点，就可以建立一个工件坐标系。

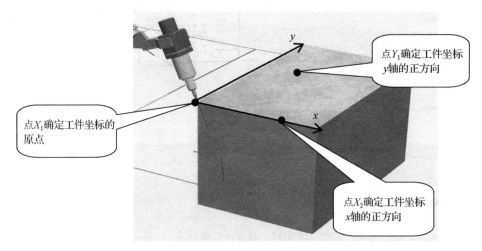

图 3-13　创建工件坐标

以下创建命名为"wobjbox"的工件坐标系，其步骤如下。

（1）进入主菜单，选择"手动操纵"，如图 3-14 所示。

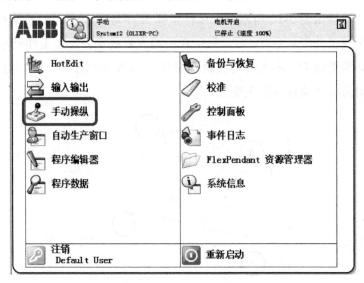

图 3-14　选择"手动操纵"

（2）选择"工件坐标"，如图 3-15 所示。

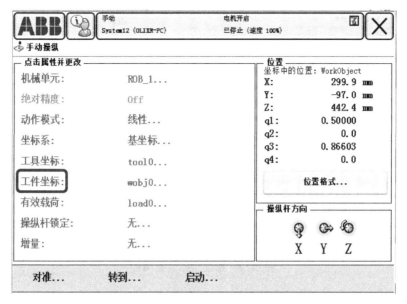

图 3-15 选择"工件坐标"

（3）单击"新建..."，如图 3-16 所示。

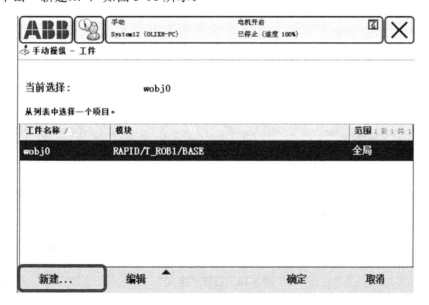

图 3-16 新建工件坐标

（4）对工件坐标数据属性进行设定后，单击"确定"，如图 3-17 所示。

图 3-17 修改坐标数据属性

（5）选择"wobjbox"，打开"编辑"菜单，选择"定义"，如图 3-18 所示。

图 3-18 选择"定义"

（6）将用户方法设定为"3 点"，如图 3-19 所示。

图 3-19　设定用户方法

（7）在示教器上选择"线性操作 "，手动操作机器人的 TCP 靠近定义工件坐标系的 X_1 点。

（8）选择"用户点 X_1"，单击"修改位置"，将 X_1 点记录下来，如图 3-20 所示。

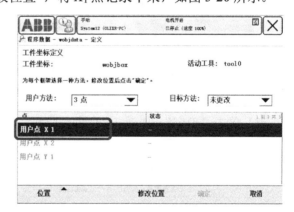

图 3-20　修改 X_1 点

（9）同上，手动操作机器人的 TCP 靠近定义工件坐标系的 X_2 点。

（10）选择"用户点 X_2"，单击"修改位置"，将 X_2 点记录下来，如图 3-21 所示。

（11）同上，手动操作机器人的 TCP 靠近定义工件坐标系的 Y_1 点。

（12）选择"用户点 Y_1"，单击"修改位置"，将 Y_1 点记录下来，如图 3-22 所示。

图 3-21　修改 X_2 点

图 3-22　修改 Y_1 点

（13）单击"确定"，如图 3-23 所示。

图 3-23　单击"确定"

（14）对自动生成的工件坐标数据进行确认后，单击"确定"。

（15）选择"wobjbox"，单击"确定"，如图 3-24 所示。

图 3-24　单击"确定"

（16）在手动操纵界面，选择新建立的工件坐标进行线性运动操作，如图 3-25 所示。

图 3-25　选择线性动作模式

任务实施

本节任务实施见表 3-5 和表 3-6。

表 3-5   创建工件坐标系任务书

姓　名		任务名称	创建工件坐标系
指导教师		同组人员	
计划用时		实施地点	
时　间		备　注	

任 务 内 容

按照图示要求，设置 ABB 机器人的工件坐标系，命名为"wobjpallet"，通过示教器选取设定的工件坐标系，并手动操作，观察比较用基坐标、大地坐标和用户坐标进行线性运动的区别。

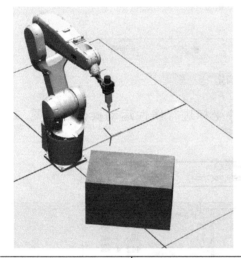

考核内容	工件坐标系的创建步骤
	描述机器人工件坐标系的作用

资　料	工　具	设　备
教材		
		ABB 机器人单工站

表 3-6　创建工件坐标系任务完成报告表

姓　　名		任务名称	创建工件坐标系
班　　级		同组人员	
完成日期		分工任务	

1. 简述工件坐标系的作用。

2. 按照图示要求，创建工件坐标系，命名为"wobjpallet"，并简要说明创建步骤。

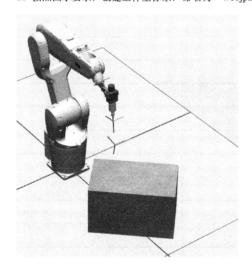

考核与评价

本章考核与评价见表 3-7～表 3-9。

表 3-7　学生自评表

项目名称	工业机器人的坐标设定						
班　级		姓　名		学　号		组　别	
评价项目	评价内容			评价结果（好/较好/一般/差）			
专业能力	认识工业机器人坐标系及特点						
	了解各种坐标系的应用情景						
	能掌握工具坐标的创建原理						
	能正确创建、调用工具坐标						
	能掌握工件坐标的创建原理						
	能正确创建、调用工件坐标						
方法能力	能够遵守安全操作规程						
	会查阅、使用说明书及手册						
	能够对自己的学习情况进行总结						
	能够如实对自己的情况进行评价						
社会能力	能够积极参与小组讨论						
	能够接受小组的分工并积极完成任务						
	能够主动对他人提供帮助						
	能够正确认识自己的错误并改正						
自我评价及反思							

表 3-8　学生互评表

项目名称	工业机器人的坐标设定					
被评价人	班　级		姓　名		学　号	
评 价 人						
评价项目	评 价 内 容				评价结果（好/较好/一般/差）	
团队合作	A. 合作融洽					
	B. 主动合作					
	C. 可以合作					
	D. 不能合作					
学习方法	A. 学习方法良好，值得借鉴					
	B. 学习方法有效					
	C. 学习方法基本有效					
	D. 学习方法存在问题					
专业能力 （勾选）	认识工业机器人坐标系及特点					
	了解各种坐标系的应用情景					
	能掌握工具坐标的创建原理					
	能正确创建、调用工具坐标					
	能掌握工件坐标的创建原理					
	能正确创建、调用工件坐标					
综合评价						

表3-9　教师评价表

项目名称	工业机器人的坐标设定		
被评价人	班　级	姓　名	学　号
评价项目	评　价　内　容		评价结果（好/较好/一般/差）
专业 认知能力	认识机器人不同坐标系及特点		
	能够根据实际应用选用不同坐标系		
	能够正确描述工具坐标系的创建原理及方法		
	能够正确描述工件坐标系的创建原理及方法		
	了解工具坐标系和工件坐标系的应用意义		
专业 实践能力	能够正确创建、验证和调用工具坐标		
	能够正确描创建、验证和调用工件坐标		
	能够遵守安全操作规程		
	能够认真填写报告记录		
社会能力	能够积极参与小组讨论		
	能够接受小组的分工并完成任务		
	能够主动对他人提供帮助		
	能够正确认识自己的错误并改正		
	善于表达与交流		
综合评价			

第4章

工业机器人的轨迹模拟

本章以 ABB 机器人为学习对象，以圆形、五角星形等图形轨迹为例子，学习基本的运动指令，熟悉 RAPID 的程序结构和常用的数据变量和数据类型。

 学习目标

知识目标

（1）掌握 RAPID 程序及结构；

（2）掌握常用的运动指令的格式及其参数设置；

（3）熟悉点位示教方法，明白点数据的各个参数含义；

（4）掌握编写规范；

（5）掌握偏移功能 Offs 的使用；

（6）掌握带参数的例行程序的运用。

技能目标

（1）能根据多种轨迹图编制运动程序，并调试；

（2）能使用绝对运动指令，完成机器人零点复归的操作；

（3）能规范各程序数据和例行程序的命名，使程序可读性高、逻辑性强。

 任务分配

4.1　新建一个可运行的程序文件；

4.2　轨迹模拟。

4.1 新建一个可运行的程序文件

本节主要介绍 ABB 机器人的编程语言 RAPID。重点学习 RAPID 程序及结构，程序模块（包括例行程序）的新建、保存、加载、运行、调试等操作。

 知识准备

4.1.1 RAPID 简介

RAPID 是一种基于计算机的高级编程语言，易学易用，灵活性强；支持二次开发，支持中断、错误处理、多任务处理等高级功能。

示例如下：

```
MODULE MainModule
    VAR num length;
    VAR num width;
    VAR num area;

    PROC main()
        Length:= 10;
        Width:= 5;
        Area:= length * width;
        TPWrite "The area of the rectangle is"   \Num:=area;
    ENDPROC
ENDMOUDLE
```

4.1.2 程序架构

RAPID 程序文件是由程序模块与系统模块组成，程序架构见表 4-1。通过新建程序模块来构建机器人的程序，而系统模块多用于系统方面的控制，可以根据不同的用途创建多个程序模块，如专门用于主控制的程序模块。

每一个程序模块包含了程序数据、例行程序、中断程序和功能四种对象，但不一定在一个模块中都有着四种对象，程序模块之间的数据、例行程序、中断程序和功能是可以互相调用的。

表 4-1 RAPID 程序架构表

程序模块 1	程序模块 2	程序模块 3	系统模块
程序数据	程序数据	……	程序数据
主程序 main	例行程序	……	例行程序
指令	指令	……	中断程序
例行程序	中断程序	……	功能
中断程序	功能	……	
功能		……	

在 RAPID 程序中，只有一个主程序 main，并且存在于任意一个程序模块中，而且是作为整个 RAPID 程序执行的起点。

下面用机器人示教器，建立一个可运行的程序文件（包括程序模块和例行程序）的操作。

（1）新建程序文件，如图 4-1～图 4-3 所示。

图 4-1 新建程序文件（一）

（2）重命名程序名，如图 4-4 和图 4-5 所示。

可以看出前面所新建的程序文件是由系统模块和程序模块组成的，可以只新建程序模块或系统模块，如图 4-6 所示。每一个程序文件可包含多个例行程序，但是一个 RAPID 程序文件，有且只有一个主程序 main。

图 4-2　新建程序文件（二）

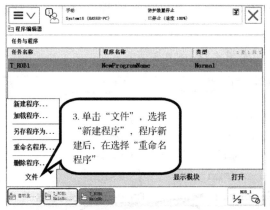

图 4-3　新建程序文件（三）

图 4-4　重命名（一）

图 4-5　重命名（二）

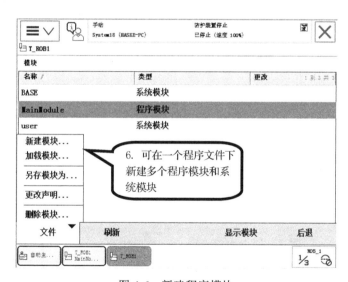

图 4-6　新建程序模块

再次单击"显示模块"，进入程序编辑界面。

（3）例行程序编辑，如图 4-7 所示。

通常情况下，一个完整的程序模块的例行程序包含一个 main 程序和多个其他例行程序，例行程序之间是可以互相调用的。现在介绍例行程序的新建和调用，如图 4-8～图 4-11 所示。

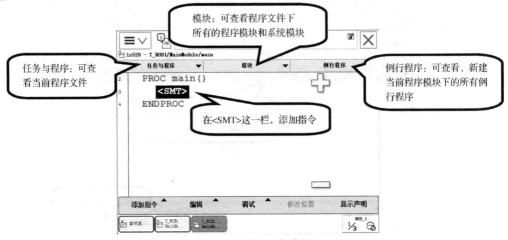

图 4-7　例行程序编辑

图 4-8　单击"例行程序"

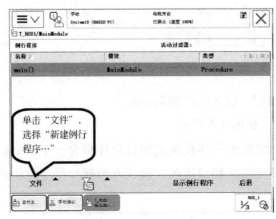

图 4-9　新建例行程序

图 4-10 修改名字

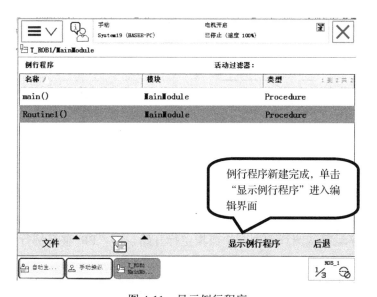

图 4-11 显示例行程序

可以根据自己的需要新建例行程序，用于主程序 main 调用或例行程序互相调用。

（4）在例行程序中添加指令，如图 4-12 和图 4-13 所示。

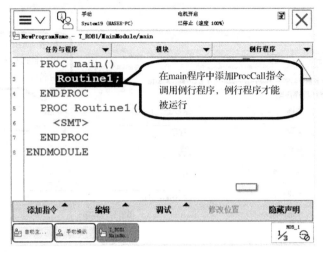

图 4-12　添加指令调用例行程序

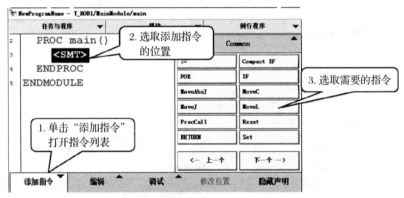

图 4-13　添加指令

添加完指令并完成检查工作后（如点位示教、程序逻辑检查等），可以进行程序调试。

（5）程序调试一般有两种：一种是程序运行从 main 程序的第一行开始，即 PP 移至 Main 如图 4-14 所示；

另一种是程序运行从例行程序开始或指定行开始，即"PP 移至例行程序"如图 4-15 所示。

然后可进行界面操作，如图 4-16 所示。图中各操作如下：

A：放大（放大文本）；

B：向上滚动（滚动幅度为一页）；

C：向上滚动（滚动幅度为一行）；

D：向左滚动；

E：向右滚动；

F：缩小（缩小文本）；

G：向下滚动（滚动幅度为一页）；

H：向下滚动（滚动幅度为一行）。

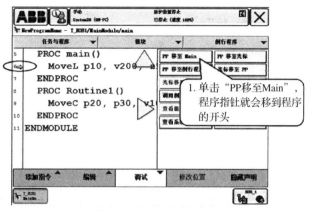

图 4-14 PP 移至 Main

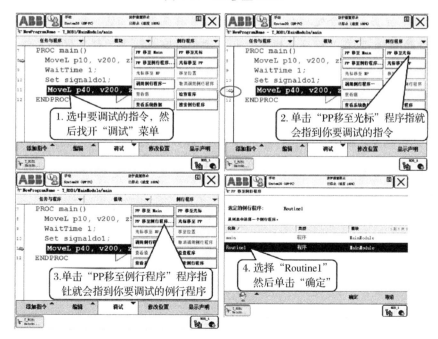

图 4-15 PP 移至例行程序

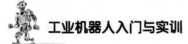

图 4-16 界面操作示意图

知识拓展

➢ 程序指针

程序指针（Program Pointer，PP）是指无论按示教器上的"启动"、"步进"或"步退"按键都可启动程序的指令，程序将从"程序指针"指令处继续执行。但是，如果程序停止时光标移至另一指令处，则"程序指针"可移至光标位置，程序执行也可从该处重新启动。"程序指针"在"程序编辑器"和"运行时窗口"中的程序代码左侧显示为黄色箭头。

➢ 动作指针

动作指针（Motion Pointer，MP）是机器人当前正在执行的指令。通常比"程序指针"落后一个或几个指令，因为系统执行和计算机器人路径比执行和计算机器人移动更快。"动作指针"在"程序编辑器"和"运行时窗口"中的程序代码左侧显示为小机器人。

➢ 光标

光标可表示一个完整的指令或一个变元。它在"程序编辑器"中的程序代码处以蓝色突出显示。

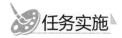任务实施

本节任务实施见表 4-2 和表 4-3。

表 4-2　新建可运行的程序任务书

姓　　名		任务名称	新建可运行的程序
指导教师		同组人员	
计划用时		实施地点	
时　　间		备　　注	

任 务 内 容

1. 掌握 RAPID 程序及结构；
2. 掌握新建例行程序的调用方法。

考核内容	1. 能够新建一个例行程序并进行重命名
	2. 能够掌握调试方法和步骤

资　　料	工　　具	设　　备
教材		

表 4-3　新建可运行的程序任务完成报告表

姓　　名		任务名称	新建可运行的程序
班　　级		同组人员	
完成日期		分工任务	

1．填空题

（1）每一个程序模块包含了_____、_____、_____和_____四种对象，_____和_____是可以互相调用的。

（2）一个 RAPID 程序文件下可存在多个程序文件，每一个程序文件可包含多个例行程序，但是一个 RAPID 程序文件，有且只有一个_____。

（3）程序命名不以_____或_____为首字符。

2．实操题

使用机器人示教器，建立一个可运行的程序文件（包括程序模块和例行程序）。

4.2 轨 迹 模 拟

本节通过模拟 U 型槽、整圆轨迹和完成零点复归，学习常用的运动指令、偏移功能。

 知识准备

运动轨迹是机器人为完成某一作业，工具中心点（TCP）所掠过的路径，是机器示教的重点。从运动方式上看，工业机器人有点到点运动和连续路径运动两种形式。按照路径种类区分，工业机器人有直线和圆弧两种动作类型。

点位运动（Point to Point，PTP），只关心机器人末端执行器运动的起点和目标点位姿，不关心这两点之间的运动轨迹。

连续路径运动（Continuous Path，CP），不仅关心机器人末端执行器达到目标点的精度，而且必须保证机器人能沿所期望的轨迹在一定精度范围内运动。

4.2.1 常见的运动指令

机器人在空间中运动主要有关节运动（MoveJ）、线性运动（MoveL）、圆弧运动（MoveC）、绝对位置运动（MoveAbsJ）四种运动方式。

下面介绍在示教器中如何使用与设定这些常用的运动指令。

1. 绝对位置运动指令

绝对位置运动指令是机器人的运动使用六个轴和外轴的角度值来定义目标位置的数据，常用于回到机械零点的位置。其指令代码为：

```
MoveAbsJ [[0,0,0,0,0,0],[9E+09,9E+09,9E+09,9E+09,9E+09,9E+09]]\NoEOffs,
v1000,fine,tool0;
```

其操作如图 4-17～图 4-19 所示。

2. 关节运动指令

关节运动指令是指在对路径要求不高的情况下，机器人的工具中心点 TCP 从一个位置移动到另一个位置，两个位置之间的路径不是直线。关节运动示意图如图 4-20 所示。

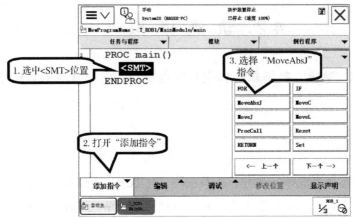

图 4-17 指令添加示意图

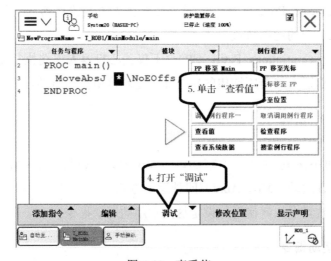

图 4-18 查看值

其指令代码为：

```
MoveJ p2,v500,fine,tool0\WObj:=wobj0;
```

添加关节运动指令如图 4-21 所示。

3. 线性运动指令

线性运动是指机器人的 TCP 从起点到终点之间的路径始终保持为直线。一般对路径要求高的场合常使用此指令，如焊接、涂胶等应用线性运动，示意图如图 4-22 所示。

其指令代码为：

```
MoveL p2,v500,fine,tool0\WObj:=wobj0;
```

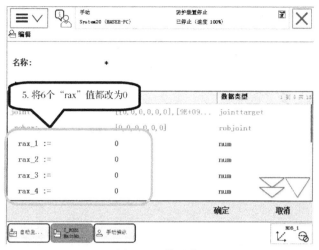

图 4-19　修改值

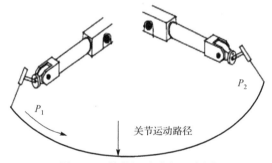

图 4-20　关节运动路径示意图

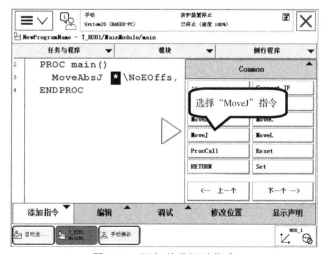

图 4-21　添加关节运动指令

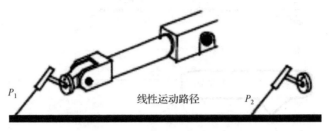

图 4-22　线性运动路径示意图

MoveJ 和 MoveL 的应用。

（1）MoveJ：机器人以最快捷的方式运动至目标点，机器人运动轨迹不完全可控，但运动路径保持唯一，常用于机器人在空间较大的范围移动。

（2）MoveL：机器人以直线性移动至目标点，当前点与目标点两点决定一条直线，机器人运动状态可控，运动路径保持唯一，可能出现死点，常用于机器人在工作状态的移动。

4．圆弧运动指令

圆弧运动是指在机器人可到达的空间范围内定义三个位置点，第一个是圆弧的起始点；第二个是圆弧的中间点，用于计算圆弧的曲率；第三个是圆弧的终点。圆弧运动示意图如图 4-23 所示。其指令代码如下：

```
MoveL  p1,v500,fine,tool0\WObj:=wobj0;
MoveC  p2,p3,v500,fine,tool0\WObj:=wobj0;
```

图 4-23　圆弧运动路径示意图

MoveC 在做圆弧运动时一般不超过 240°，所以一个完整的圆通常使用两条圆弧指令来完成。

各种运动指令参数说明如图 4-24 所示。

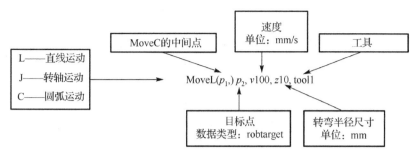

图 4-24　运动指令参数说明

速度选择:

● 最大速度 5000mm/s,可自定义速度,最大可定义至 v7000,但机器人未必能达到;

● 在手动限速状态下,所有的运动速度被限速在 250mm/s。

转弯半径尺寸选择:

● fine 指机器人 TCP 达到目标点,在目标点速度降为零,机器人动作有所停顿后再向下运动,如果是一段路径的最后一个点,一定要为 fine;

● zone 指机器人 TCP 不达到目标点,机器人动作圆滑,流畅。转弯半径数值越大,机器人的动作路径就越圆滑与流畅,用 z+数字表示。

4.2.2　偏移功能

1. 常用偏移指令:Offs

以选定的目标点为基准,沿着选定工件坐标系的 x、y、z 轴方向偏移一定的距离。示例代码如下:

```
MoveL Offs(p1,0,100,0), v500,fine,tool0\WObj:=wobj0;
```

将机器人 TCP 移动至 P_1 为基准点,沿着 wobj0 的 y 轴正方向偏移 100mm 的位置,如图 4-25 所示。

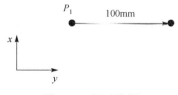

图 4-25　运动路径

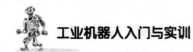

2. 工具偏移指令：RelTool

同样为偏移指令，而且可以设置角度偏移，但其参考的坐标系为工具坐标系。其指令代码如下：

```
MoveL RelTool(p1,0,0,10\Rx:=0\Ry:=0\Rz:=45), v500,fine,tool0\WObj:=wobj0;
```

机器人 TCP 移动至以 P_1 为基准点，沿着 tool1 坐标系 z 轴正方向偏移 10mm，且 TCP 沿着 tool1 坐标系 z 轴旋转+45°。

知识拓展

下面以一个简单的画正方形的程序为例子（见图 4-26），对偏移指令 Offs 的例行程序进行介绍。

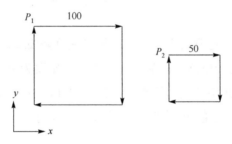

图 4-26　画正方形路径

```
PROC SquarePath()
    MoveJ Offs(P1,0,0,0),v1000,fine,tool0;
    MoveJ Offs(P1,100,0,0),v1000,fine,tool0;
    MoveJ Offs(P1,100,-100,0),v1000,fine,tool0;
    MoveJ Offs(P1,0,-100,0),v1000,fine,tool0;
    MoveJ Offs(P1,0,0,0),v1000,fine,tool0;

    MoveJ Offs(P2,0,0,0),v1000,fine,tool0;
    MoveJ Offs(P2,50,0,0),v1000,fine,tool0;
    MoveJ Offs(P2,50,-50,0),v1000,fine,tool0;
    MoveJ Offs(P2,0,-50,0),v1000,fine,tool0;
    MoveJ Offs(P2,0,0,0),v1000,fine,tool0;
ENDPROC
```

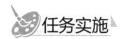

任务实施

本节任务实施见表 4-4 和表 4-5。

表 4-4　工业机器人的轨迹模拟任务书

姓　名		任务名称	工业机器人的轨迹模拟
指导教师		同组人员	
计划用时		实施地点	
时　间		备　注	

任 务 内 容

① 掌握常用的运动指令的格式及其参数设置；
② 掌握偏移功能 Offs 的使用。

考核内容	能够描述四种常用运动指令的特点及适用范围
	能够描述常用的运动指令的格式及其参数
	能根据多种轨迹图编制运动程序，并调试
	能使用绝对位置运动指令，完成机器人零点复归的操作

资　料	工　具	设　备
教材		

<h3 align="center">表 4-5　工业机器人的轨迹模拟任务完成报告表</h3>

姓　名		任务名称	工业机器人的轨迹模拟
班　级		同组人员	
完成日期		分工任务	

1. 填空题

（1）机器人在空间中运动主要有＿＿＿＿、＿＿＿＿＿、＿＿＿＿＿、绝对位置运动（MoveAbsJ）四种运动方式。

（2）运动轨迹是机器人为完成某一作业，工具中心点（ TCP ）所掠过的路径。从运动方式上看，工业机器人具有＿＿＿＿运动和＿＿＿＿运动两种形式。

（3）运用所学的知识，对 ABB 运动指令进行归纳总结。

运　动　指　令	PTP/CP	速 度 快 慢	路径可不可控	适 用 范 围
线性				
关节				
圆弧				
绝对位置				

2. 实操题

工业机器人按下面两图的形状进行运动，按照以下实操流程，完成初级轨迹图模拟。

① 正确开关机、系统备份；

② 新建程序文件，命名为"中文首字母+学号"；

③ 创建、选择工具数据；

④ 选择、添加运动指令；

⑤ 点位示教；

⑥ 试运行（单步）；

⑦ 手动运行。

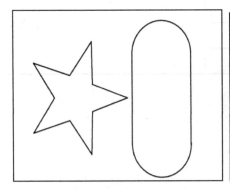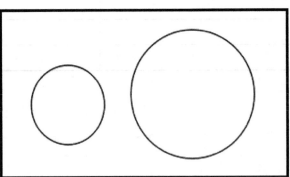

注：要求依两图的轨迹模拟加入偏移指令和带参数的例行程序。

考核与评价

本章考核和评价见表 4-6～表 4-8。

表 4-6　学生自评表

项目名称	工业机器人的轨迹模拟						
班　级		姓　名		学　号		组　别	
评价项目	评 价 内 容				评价结果（好/较好/一般/差）		
专业能力	掌握 RAPID 程序及结构						
	掌握偏移功能 Offs 的使用						
	掌握编写规范						
	掌握常用的运动指令的格式及其参数设置						
方法能力	能够遵守安全操作规程						
	会查阅、使用说明书及手册						
	能够对自己的学习情况进行总结						
	能够如实对自己的情况进行评价						
社会能力	能够积极参与小组讨论						
	能够接受小组的分工并积极完成任务						
	能够主动对他人提供帮助						
	能够正确认识自己的错误并改正						
自我评价及反思							

表4-7 学生互评表

项目名称	工业机器人的轨迹模拟				
被评价人	班 级		姓 名		学 号
评 价 人					
评价项目	评 价 内 容			评价结果（好/较好/一般/差）	
团队合作	A. 合作融洽				
	B. 主动合作				
	C. 可以合作				
	D. 不能合作				
学习方法	A. 学习方法良好，值得借鉴				
	B. 学习方法有效				
	C. 学习方法基本有效				
	D. 学习方法存在问题				
专业能力（勾选）	掌握 RAPID 程序及结构				
	掌握偏移功能 Offs 的使用				
	掌握编写规范				
	掌握常用的运动指令的格式及其参数设置				
综合评价					

表 4-8　教师评价表

项目名称	工业机器人的轨迹模拟				
被评价人	班　级		姓　名		学　号
评价项目	评 价 内 容				评价结果（好/较好/一般/差）
专业 认知能力	掌握 RAPID 程序及结构				
	掌握偏移功能 Offs 的使用				
	掌握编写规范				
	掌握常用的运动指令的格式及其参数设置				
专业 实践能力	能根据多种轨迹图编制运动程序，并调试				
	能使用绝对位置运动指令，完成机器人零点复归的操作				
	能规范各程序数据和例行程序命名，使程序可读性高、逻辑性强				
	能使用偏移功能 Offs				
	能够遵守安全操作规程				
	能够认真填写报告记录				
社会能力	能够积极参与小组讨论				
	能够接受小组的分工并完成任务				
	能够主动对他人提供帮助				
	能够正确认识自己的错误并改正				
	善于表达与交流				
综合评价					

思考与练习

RAPID 程序的基本架构是什么样的，如何创造一个可运行的例行程序，并调试实现轨迹模拟？

第5章

搬运工作站的编程设计

搬运作业是利用机器人握持工件从一个加工位置移动到另一个加工位置。搬运机器人可安装不同的末端执行器以完成各种不同形状和状态的工件搬运作业,从而大大减轻了人类繁重的体力劳动。

目前世界上使用的搬运机器人被广泛应用于机床上下料、冲压机自动化生产线、自动装配流水线等生产中。

学习目标

知识目标

(1) 了解 I/O 板 DSQC652 和 I/O 信号的分类;

(2) 掌握配置 I/O 板的步骤;

(3) 掌握定义数字 I/O、组 I/O、模拟 I/O 的步骤;

(4) 掌握 I/O 控制指令、赋值指令、逻辑条件指令、数值运算指令、写屏指令;

(5) 掌握搬运作业的简单工艺设计。

技能目标

(1) 能配置 I/O 板;

(2) 能根据实际 I/O 数量及类型,正确定义、监控信号;

(3) 能运用 I/O 控制指令、赋值指令、逻辑条件指令、数值运算指令、写屏指令等;

(4) 能完成单块物料搬运的轨迹设计、程序编制及调试;

(5) 能完成多块物料搬运的轨迹设计、程序编制及调试。

 任务分配

5.1 认识、配置标准 I/O 板及信号;

5.2 搬运工作站的程序设计。

5.1　认识和配置标准 I/O 板及信号

通常把介于主机和外设之间的一种缓冲电路为 I/O 接口（电路）。通过 I/O 接口，主机与外设能协助完成数据传输或信号控制等工作。

本节介绍标准 I/O 板的配置，学习配置 I/O 信号等。

 知识准备

5.1.1　常用 ABB 标准 I/O 板

常用 ABB 标准 I/O 板型号见表 5-1，我们以其中的 DSQC652 板为例说明各个端子的作用与 I/O 的分配，图 5-1 为 DSQC652 实物图，图 5-2 为 DSQC652 组成示意图。

表 5-1　常用 ABB 标准 I/O 板型号

型　　号	说　　明
DSQC651	分布式 I/O 模块　DI8\DO8/AO2
DSQC652	分布式 I/O 模块　DI16\DO16
DSQC653	分布式 I/O 模块　DI8\DO8 带继电器
DSQC355A	分布式 I/O 模块　AI4\AO4
DSQC377A	输送链跟踪单元

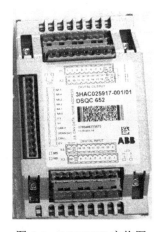

图 5-1　DSQC652 实物图

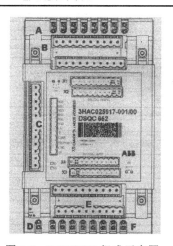

图 5-2　DSQC652 组成示意图

5.1.2 DSQC652 板说明

DSQC652 作为 ABB 机器人的 I/O 板可以提供 16 个数字输入信号和 16 个数字输出信号，如图 5-2 所示，A 是数字输出信号指示灯；B 是 X1 和 X2 数字输出接口；C 是 X5 DeviceNet 接口；D 是模块状态指示灯；E 是 X3 和 X4 数字输入接口；F 是数字输入信号指示灯。

DSQC652 输出端子 X1 和 X2 分配说明见表 5-2 和表 5-3。

表 5-2　输出端子 X1 排列与地址分配

X1 端子	1	2	3	4	5	6	7	8	0V	24V

X1 端子编号	使用定义	物理地址编号
1	OUTPUT CH1	0
2	OUTPUT CH2	1
3	OUTPUT CH3	2
4	OUTPUT CH4	3
5	OUTPUT CH5	4
6	OUTPUT CH6	5
7	OUTPUT CH7	6
8	OUTPUT CH8	7
9	0V	电源输入口
10	24V	电源输入口

表 5-3　输出端子 X2 排列与地址分配

X2 端子	1	2	3	4	5	6	7	8	0V	24V

X2 端子编号	使用定义	物理地址编号
1	OUTPUT CH9	8
2	OUTPUT CH10	9
3	OUTPUT CH11	10
4	OUTPUT CH12	11
5	OUTPUT CH13	12
6	OUTPUT CH14	13
7	OUTPUT CH15	14
8	OUTPUT CH16	15
9	0V	电源输入口
10	24V	电源输入口

DSQC652 输入端子 X3 和 X4 排列和地址分配见表 5-4 和表 5-5。

表 5-4　输入端子 X3 排列和地址分配

X3 端子	1	2	3	4	5	6	7	8	0V	24V

X3 端子编号	使用定义	物理地址编号
1	INPUT CH1	0
2	INPUT CH2	1
3	INPUT CH3	2
4	INPUT CH4	3
5	INPUT CH5	4
6	INPUT CH6	5
7	INPUT CH7	6
8	INPUT CH8	7
9	0V	电源输入口
10	NC(未使用)	

表 5-5　输入端子 X4 排列和地址分配

X4 端子	1	2	3	4	5	6	7	8	0V	24V

X4 端子编号	使用定义	物理地址编号
1	INPUT CH9	8
2	INPUT CH10	9
3	INPUT CH11	10
4	INPUT CH12	11
5	INPUT CH13	12
6	INPUT CH14	13
7	INPUT CH15	14
8	INPUT CH16	15
9	0V	电源输入口
10	NC(未使用)	—

DSQC652 的 DeviceNet 端子分配,其端子分配说明见表 5-6 和图 5-3。

ABB 标准 I/O 板是挂靠在 DeviceNet 网络上的设备,通过 X5 端口与 DeviceNet 设定模块在网络中的地址。端子 X5 的 6~12 的跳线用来决定模块的地址,地址可用范围为 10~63。

把第 8 脚(地址 2)和第 10 脚(地址 8)的跳线剪去,那么 2+8=10 就可以获得 10 的地址,I/O 模块在 DeviceNet 上的地址就为 10。

表 5-6　DeviceNet 端子分配说明

X5 端子编号	使 用 定 义
1	0V BLACK
2	CAN 信号线 low BLUE
3	屏蔽线
4	CAN 信号线
5	24V RED
6	GND 地址选择公共端
7	模块 ID bit 0（LSB）
8	模块 ID bit 1（LSB）
9	模块 ID bit 2（LSB）
10	模块 ID bit 3（LSB）
11	模块 ID bit 4（LSB）
12	模块 ID bit 5（LSB）

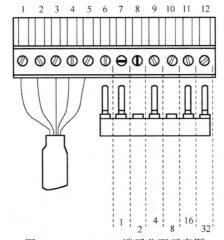

图 5-3　DeviceNet 端子分配示意图

5.1.3　DSQC652 板配置

在系统中配置 DSQC652 板标准 I/O，至少需要设置四项参数，见表 5-7。

表 5-7　DSQC652 板标准 I/O 参数设置

参数名称	设 定 值	说 明
Name	Board10	设定 I/O 板在系统里的名称
Type of Unit	D652	设定 I/O 的名称
Connectde of Bus	Devicenet 1	设定 I/O 板连接的总线
Devicenet Address	10	设定 I/O 板在总线中的地址

5.1.4 I/O 信号

（1）输入/输出信号。DSQC652 板有 16 位的输入/输出（I/O）。在 I/O 单元上创建一个数字输出 I/O 信号，至少需要设置四项参数，见表 5-8。配置数字输出信号的步骤如图 5-4 所示。

表 5-8 DSQC652 板 I/O 信号参数设置

参数名称	设 定 值	说 明
Name	Do00_VacuumOpen	设定数字输出 I/O 信号的名字
Type of Signal	Digitial Output	设定信号类型
Assigned of Unit	Board10	设定信号所在的 I/O 模块
Unit Mapping	0	设定信号所占用的地址

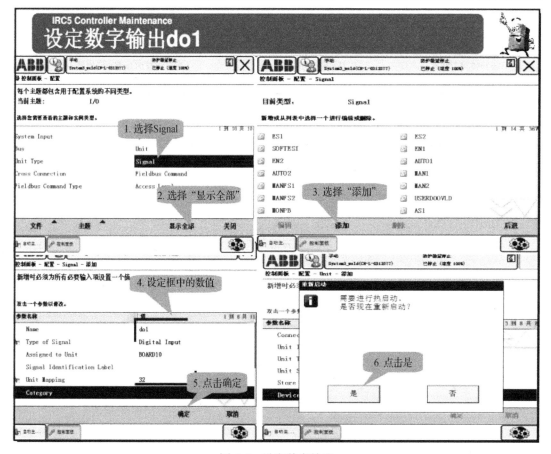

图 5-4 设定数字输出

（2）组 I/O 配置

组信号就是将几个数字（输入/输出）信号组合起来使用，用于接收外围输入/输出动作的 BCD 编码的十进制数，见表 5-9。

表 5-9　组信号编码

状　　态	地　址　1	地　址　2	地　址　3	地　址　4	十进制数
	1	2	4	8	
状态 1	0	1	0	1	2+8=10
状态 2	1	0	1	1	1+4+8=13

在 I/O 单元上创建一个组信号，至少需要设置四项参数，见表 5-10。

表 5-10　组信号的参数设置

参数名称	设　定　值	说　　明
Name	Go01	设定数字输出 I/O 信号的名字
Type of Signal	Group Output	设定信号类型
Assigned of Unit	Board10	设定信号所在的 I/O 模块
Unit Mapping	0～3	设定信号所占用的地址

（3）系统 I/O 介绍

系统输入：将数字输入信号与机器人的系统控制信号关联起来，就可以通过输入信号对系统进行控制，如电机上电、程序启动等。

系统输出：机器人系统的状态信号也可以与数字输出信号关联起来，将系统状态输出给外围设备控制之用，如系统运行模式、程序执行错误。

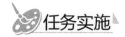任务实施

本节任务实施见表 5-11 和表 5-12。

表 5-11　标准 I/O 板及信号配置任务书

姓　　名		任务名称	标准 I/O 板及信号配置
指导教师		同组人员	
计划用时		实施地点	
时　　间		备　　注	

任 务 内 容

1. DSQC652 板配置;

2. 在 I/O 单元上创建一个数字输出 I/O 信号;

3. 在 I/O 单元上创建一个组信号。

考核内容	完成标准 I/O 板及信号配置

资　料	工　　具	设　　备
教　材		
		ABB 机器人单工站

表 5-12 标准 I/O 板及信号配置任务完成报告表

姓　名		任务名称	标准 I/O 板及信号配置
班　级		同组人员	
完成日期		分工任务	

1. 简述 DSQC652 板端子排列和地址分配。

5.2　搬运工作站的程序设计

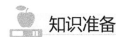知识准备

5.2.1　RAPID 程序数据

1. 简介

程序数据是指在程序模块或系统模块中设定的值和定义的一些环境数据。

如常见运动指令（MoveJ p10,v1000,z50,tool0;），表 5-13 对指令中各项参数进行了说明。

表 5-13　指令中各项参数说明

程序数据	数据类型	说　明
p10	robtarget	机器人运动目标位置数据
v1000	speeddata	机器人运动速度数据
z50	zonedata	机器人运动转弯数据
tool0	tooldata	机器人工具数据 TCP

可以在示教器上直接查看程序数据（见图 5-5 和图 5-6）。ABB 机器人的程序数据共有 76 个，可以根据实际情况进行程序数据的创建，为 ABB 机器人的程序设计带来了无限的可能。

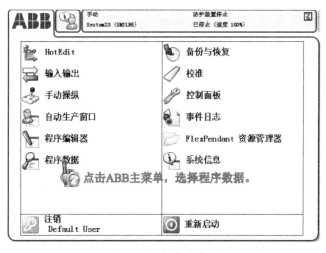

图 5-5　选择程序数据

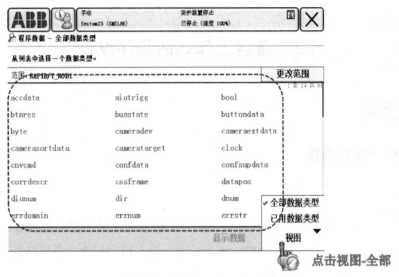

图 5-6　单击视图——全部

2．程序数据的存储类型

程序数据存储类型一般分为三种，变量（VAR）、可变量（PERS）和常量（CONST）。

（1）变量（VAR）。变量型数据在程序执行的过程中和停止时，会保持当前的值。但如果程序指针被移到主程序 main 后，数值会丢失，重新以初始值运行。变量说明如图 5-7 所示。

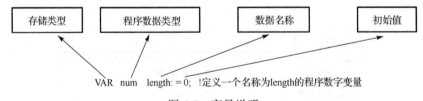

图 5-7　变量说明

```
VAR bool bPickOk:=FALSE    !定义一个名称为 bPickOk 的布尔变量。
VAR string sX:=" ";        !定义一个名称为 sX 的字符串变量。
VAR clock clock1;
```

（2）可变量（PERS）。可变量最大的特点是，无论程序的指针如何，都会保持最后赋予的值。

```
PERS num length:=0;        !定义一个名称为 length 的数字可变量。
PERS bool bPickOk:=FALSE;  !定义一个名称为 bPickOk 的布尔量可变量。
```

（3）常量（CONST）。常量的特点是，在定义时已赋予了数值，并不能在程序运动过程中进行修改。

```
CONST num length:=9.9;      !定义一个名称为 length 的数字常量。
CONST bool bPickOk:=FALSE; !定义一个名称为 bPickOk 的布尔常量。
```

5.2.2　搬运工作站程序指令

1. I/O 控制指令

（1）Set/SetDO。Set：将数字输出信号置为 1，如"Set Do1;"，即将数字输出信号 Do1 置为 1；SetDO：将数字输出信号置为 1，如"SetDO Do1,1;"，即将数字输出信号 Do1 置为 1。

（2）Reset/SetDO。Reset：将数字输出信号置为 0，如"Reset Do1;"，即将数字输出信号 Do1 置为 0；SetDO：将数字输出信号置为 0，如"SetDO Do1,0;"，即将数字输出信号 Do1 置为 0。

（3）WaitDI：等待一个输入信号状态为设定值，如"WaitDI Di1,1;"，即等待数字输入信号 Di1 为 1，之后才执行下面的指令。

2. 常用逻辑运算指令

（1）赋值指令"：="：用于对程序数据进行赋值，赋值可以是一个常量或数学表达式。示例如下：

```
MODULE miandoule
    VAR num con:=0;
    VAR num reg:=0;
        PROC main()
        con:=5;
        reg:=con+1;
        ENDPROC
ENDMOUDLE
```

（2）计数指令"Add"，如"Add Name,AddValue"，其中，Name 为"数据名称"，AddValue 为"增加的值"。在一个数字数据上增加相应的值，可以用赋值指令替代。示例如下：

```
MODULE miandoule
    VAR num con:=0;
    PROC main()
        Add con,1;
```

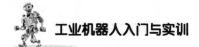

```
        con:=con+1;
    ENDPROC
ENDMOUDLE
```

（3）清零指令 Clear，如"Clear Name;"，其中 Name 为"数据名称"。将一个数字数据的值归零，可以用赋值指令替代。示例如下：

```
MODULE miandoule
    VAR num con:=8;
    PROC main()
        Clear con;
        con:=0;
    ENDPROC
ENDMOUDLE
```

（4）自加指令 Incr，如"Incr Name;"，其中 Name 为"数据名称"。将一个数字数据的值上增加 1，可以用赋值指令替代，一般用于产量计数。示例如下：

```
MODULE miandoule
    VAR num con:=0;
    PROC main()
        Incr con;
        con:=con+1;
    ENDPROC
ENDMOUDLE
```

（5）自减指令 Decr，如"Decr Name;"，其中 Name 为"数据名称"。在一数字数据的值上减少 1，可以用赋值指令替代。示例如下：

```
MODULE miandoule
    VAR num con:=4;
      PROC main()
        Decr con;
        con:=con-1;
    ENDPROC
ENDMOUDLE
```

3. 常用逻辑控制指令

条件逻辑判断指令用于对条件进行判断后，执行相应的操作，是 RAPID 中重要的组成部分。

（1）IF：满足不同条件，执行对应程序。示例如下：

```
MODULE miandoule
    VAR num max:=4;
    VAR num min:=6;
    PROC main()
        IF max>min THEN
            max:=max;
      ELSEIF max<min THEN
            max:=min;
        ENDIF
    ENDPROC
ENDMOUDLE
```

（2）FOR：根据指定的次数，重复执行对应程序。示例如下：

```
FOR i FROM 1 TO 10 DO
    Routine1;
ENDFOR
```

! 重复执行 10 次 Routine1 里面的程序段。

! 每运行一遍 FOR 循环中 Routine1 的指令后 i 会自动执行加 1 操作。

应用实例：

```
MODULE miandoule
    VAR num i:=1;
    VAR num con:=1;
    PROC main()
        FOR i FORM 1 TO 10 DO
            Incr con;
        ENDFOR
    ENDPROC
ENDMOUDLE
```

（3）WHILE：如果条件满足，则重复执行对应程序。示例如下：

```
MODULE miandoule
    VAR num con1:=1;
     VAR num con2:=10;
    PROC main()
        WHILE con1<con2 DO
            Incr con1;
        ENDWHILE
    ENDPROC
ENDMOUDLE
```

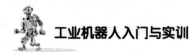
！如果变量 con1 <con2 条件一直成立，则重复执行 Incr con1，直到 con1 <con2 条件不成立为止。

（4）TEST：根据指定变量的判断结果，执行对应程序。示例如下：

```
MODULE miandoule
    VAR num con:=3;
    PROC main()
        TEST con
        CASE 0,1:
            con:=con+1;
        CASE 2:
            con:=con+2;
        CASE 3:
            con:=con+3;
        DEFAULT:
            Stop;
        ENDTEST
    ENDPROC
ENDMOUDLE
```

！判断 con 的数值，
！若为 0 或 1，则执行 con:=con+1;
！若为 2，则执行 con:=con+2;
！若为 3，则执行 con:=con+3;
！若以上数值都不符合，执行 DEFAULT 程序，如 STOP
！在 case 中，若多种条件下执行统一操作，则可合并在同一个 case 中。

4．注释行 "！"

在语句前面加上 "！"，则整个语句作为注释行，不被程序执行。

5．写屏、清屏指令

TPWrite 写入 FlexPendant 示教器，语句格式如下：

```
TPWrite String [\Num] | [\Bool] | [\Pos] | [\Orient] | [\Dnum];
```

TPErase 清屏。

彻底清除 FlexPendant 示教器显示器中的所有文本。下一次写入文本时，其将进入显示器的最高线。示例如下：

```
TPErase;
TPwrite "Execution started";
!写入 Execution started 前，清除 FlexPendant 示教器中的显示内容。
```

5.2.3　搬运作业的运动轨迹

以单块物料搬运为例，阐述搬运作业中的流程和运动轨迹设计。

1．作业流程

（1）示教前准备。在开始示教前，请做以下准备。

● 安全确认。确认自己与机器人之间保持安全距离，做好安全防护措施，详细内容可参照本书第 1 章工业机器人的认知，在此不再赘述。

● 创建系统备份。通过 RobotStudio 或示教器给当前机器人系统做一备份。

● 确认机器人原点。

● 按照实训任务要求，合理布局工站。

（2）I/O 配置：根据实际 I/O 信号设置，配置 I/O 信号。

（3）新建作业程序：新建一个程序，创建工具坐标系、工件坐标系，详细操作步骤可参照本书第 3 章工业机器人的坐标数据，在此不再赘述。

（4）程序点示教。在手动模式下，运动轨迹示意图如图 5-8 所示，选择正确的 TCP 和工件坐标系，操作机器人到程序目标点位置，记录当前机器人的坐标，程序目标点说明见表 5-14，具体示教方法可参照本书第 2 章内容。

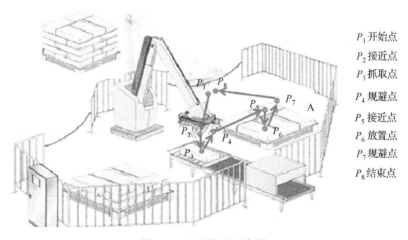

图 5-8　运动轨迹示意图

（5）编制搬运作业程序。按照实训任务的具体要求，合理选择 RAPID 程序指令或功能函数，并设置运动参数，比如转弯半径、自动运行速度设置等。

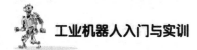

工业机器人入门与实训

（6）手动试运行。在完成点位示教和作业程序输入后，需试运行程序以便检查各程序点及参数设置是否已记录，生成的动作是否正确。使用"单步执行"或"连续执行"两种方式来确认实际的轨迹与预期的轨迹是否一致。

（7）示教再现。作业程序经测试无误后，选择运行程序和所需的操作模式（手动/自动），即可完成再现。

表 5-14　程序点说明表（1）

程序点	说　　明	命　　名	手爪动作	运动控制方式
P_1	轨迹起始点	pHome	松开	—
P_2	抓取临近点	pApPick	松开	PTP
P_3	抓取点（作业点）	pPick	夹紧	CP
P_4	抓取规避点	pAwPick	夹紧	CP
P_5	放置临近点	pApPlace	夹紧	PTP
P_6	放置点（作业点）	pPlace	松开	CP
P_7	放置规避点	pAwPlace	松开	CP
P_8	轨迹结束点	pEnd	松开	PTP

2．运动轨迹

根据前面学习的知识，如何提高搬运作业的效率？从表 5-15 可知：

（1）程序点 P_1 与 P_8 设置在同一点；

（2）程序点 P_2 与 P_4 设置在点 P_3 的 z 轴方向上的一点；

（3）程序点 P_5 与 P_7 设置在点 P_6 的 z 轴方向上的一点。

表 5-15　程序点说明表（2）

程序点	说　　明	命　　名	手爪动作	运动控制方式
P_1	轨迹起始点	pHome	松开	—
P_2	抓取临近点	pPick+Offs	松开	PTP
P_3	抓取点（作业点）	pPick	夹紧	CP
P_4	抓取规避点	pPick+Offs	夹紧	CP
P_5	放置临近点	pPlace+Offs	夹紧	PTP
P_6	放置点（作业点）	pPlace	松开	CP
P_7	放置规避点	pPlace+Offs	松开	CP
P_8	轨迹结束点	pHome	松开	PTP

156

5.2.4　搬运作业流程

按照图 5-9 所给出的作业流程图，完成单块搬运作业。

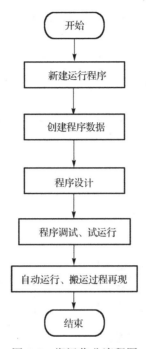

图 5-9　搬运作业流程图

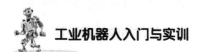

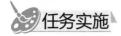任务实施

本节任务实施见表 5-16 和表 5-17。

表 5-16　搬运工作站的程序设计任务书

姓　名		任务名称	搬运工作站的程序设计
指导教师		同组人员	
计划用时		实施地点	
时　间		备　注	

任 务 内 容

亚克力搬运模型如下图所示，拾取物料盘 A 和放置物料盘 B；每个空圆格的距离是 20mm。要求：

1．把物料盘 A 方框区域的亚克力，用机器人搬运到物料盘 B 方框区域的空格，搬运的时候按顺序一行一行的搬运。

2．程序要求：

（1）程序模块化，自动运行（点数据、例行程序命名规范）；

（2）运用偏移指令；

（3）运用多种逻辑控制指令。

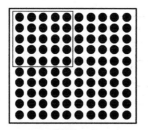　　　　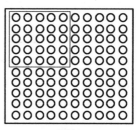

物料盘A　　　　　　　　　　　物料盘B

考核内容	描述搬运作业、程序流程
	完成、验证搬运程序

资　料	工　具	设　备
教材		
		ABB 机器人单工站

表 5-17 认识工业机器人搬运工作站任务完成报告表

姓　　名		任务名称	认识工业机器人搬运工作站
班　　级		同组人员	
完成日期		分工任务	

1. 参照图 5-9，写出所有例行程序的流程图。

2. 写出示教完成的搬运程序。

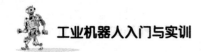

考核与评价

本章考核与评价见表 5-18～表 5-20。

表 5-18　学生自评表

项目名称	搬运工作站的编程设计					
班　级		姓　名		学　号	组　别	
评价项目	评 价 内 容			评价结果（好/较好/一般/差）		
专业能力	能描述 I/O 板 DSQC652 和对 I/O 信号的分类					
	能配置 I/O 板					
	能定义数字 I/O、组 I/O、模拟 I/O					
	能运用 I/O 控制指令、赋值指令、逻辑条件指令、数值运算指令、写屏指令					
	能对简单搬运作业进行工艺设计					
	能对搬运工位进行示教编程，完成搬运作业					
方法能力	能够遵守安全操作规程					
	会查阅、使用说明书及手册					
	能够对自己的学习情况进行总结					
	能够如实对自己的情况进行评价					
社会能力	能够积极参与小组讨论					
	能够接受小组的分工并积极完成任务					
	能够主动对他人提供帮助					
	能够正确认识自己的错误并改正					
自我评价及反思						

表 5-19 学生互评表

项目名称	搬运工作站的编程设计					
被评价人	班 级		姓 名		学 号	
评 价 人						
评价项目	评价内容			评价结果（好/较好/一般/差）		
团队合作	A. 合作融洽					
	B. 主动合作					
	C. 可以合作					
	D. 不能合作					
学习方法	A. 学习方法良好，值得借鉴					
	B. 学习方法有效					
	C. 学习方法基本有效					
	D. 学习方法存在问题					
专业能力（勾选）	能描述 I/O 板 DSQC652 和对 I/O 信号的分类					
	能配置 I/O 板					
	能定义数字 I/O、组 I/O、模拟 I/O					
	能运用 I/O 控制指令、赋值指令、逻辑条件指令、数值运算指令、写屏指令					
	能对简单搬运作业进行工艺设计					
	能对搬运工位进行示教编程，完成搬运作业					
综合评价						

表 5-20　教师评价表

项目名称	搬运工作站的编程设计					
被评价人	班　级		姓　名		学　号	
评价项目	评 价 内 容				评价结果（好/较好/一般/差）	
专业认知能力	能描述 I/O 板 DSDC652 和对 I/O 信号分类					
	能配置 I/O 板					
	能定义数字 I/O、组 I/O、模拟 I/O					
	能运用 I/O 控制指令、赋值指令、逻辑条件指令、数值运算指令、写屏指令					
	能对简单搬运作业进行工艺设计					
专业实践能力	能配置 I/O 板					
	能根据实际 I/O 数量及类型，正确定义和监控信号					
	能运用 I/O 控制指令、赋值指令、逻辑条件指令、数值运算指令、写屏指令等。					
	能完成单块物料搬运的轨迹设计、程序编制及调试					
	能完成多块物料搬运的轨迹设计、程序编制及调试					
	能够遵守安全操作规程					
	能够认真填写报告记录					
社会能力	能够积极参与小组讨论					
	能够接受小组的分工并完成任务					
	能够主动对他人提供帮助					
	能够正确认识自己的错误并改正					
	善于表达与交流					
综合评价						

第6章

码垛工作站的编程设计

码垛机器人是经历了人工码垛、码垛机码垛两个阶段而出现的自动化码垛作业的智能化设备。码垛机器人的出现，不仅提高了劳动生产率，降低了能耗，减少了物料破损与浪费，而且对保证人身安全，减轻劳动强度等方面具有重要意义。

码垛机器人可加快码垛效率、提升物流速度、获得整齐统一的物垛、减少物料破损及浪费，因此码垛机器人成为食品、饮料、医药和消费品领域的包装码垛环节的有力装备。

 ## 学习目标

知识目标

（1）了解码垛机器人分类及特点；

（2）熟悉码垛工作站的工位布局；

（3）区分、运用三种程序类型；

（4）掌握计时指令、准确触发动作指令；

（5）掌握中断程序的运用；

（6）掌握数组的应用。

技能目标

（1）能识别码垛工作站的系统组成及工位布局；

（2）能对多工位码垛进行的程序编制；

（3）能计算运行节拍，并能对其优化。

 ## 任务分配

6.1　认识工业机器人码垛工作站；

6.2　一进一出码垛工作站；

6.3　二进二出码垛工作站。

6.1　认识工业机器人码垛工作站

本节介绍码垛机器人的分类及特点，码垛工作站的基本系统组成和工位布局，展示几种典型的末端执行器等。以关节机器人搬运码垛箱体为例，详细介绍码垛工作站的工位布局、作业流程、运动轨迹。

 知识准备

6.1.1　码垛机器人的分类及特点

码垛机器人是用来堆放物品的一种机器人，根据不同的产品类型和实际需求，可以对码垛机器人进行编程，提高码垛工作的生产效率。码垛机器人与搬运机器人在本体结构上没过多区别。在实际生产中，码垛机器人多为四轴且多数带有辅助连杆，连杆主要起增加力矩和平衡作用。

常见的码垛机器人结构多为关节式码垛机器人、摆臂式码垛机器人和龙门式码垛机器人，如图 6-1 所示。本章内容围绕关节式机器人展开。

使用码垛机器人不仅提高了包装的工作效率，而其简单的操作方式、方便的后期维护保养，同样也提高了企业的办事效率，降低了企业的生产成本和人工成本投入。码垛机器人主要有下列优势。

（1）结构简单，零部件少，因此整机的故障率低、性能可靠、保养维修简单、所需库存零部件少。

（2）能耗低，降低运行成本。通常机械式的码垛机的功率在 26kW 左右，而码垛机器人的功率为 5kW 左右，大大降低了客户的运营成本。

（3）适用性强、柔性高。当客户产品的尺寸、体积、形状及托盘的外形尺寸发生变化时只需稍做修改即可，不会影响客户的正常生产。而机械式的码垛机更改相当麻烦甚至无法实现。

（4）占地面积小，操作范围大，安全性能好，有利于客户厂房中生产线的布置，并可留出较大的库房面积。

(a)关节式码垛机器人

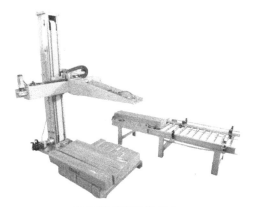

(b)摆臂式码垛机器人

(c)龙门式码垛机器人

图 6-1　码垛机器人分类

6.1.2 码垛工作站基本系统组成

以关节式为例，工业机器人码垛工作站主要由机器人系统、码垛系统、安全保护装置组成。下面详细介绍工业机器人码垛工作站，码垛工作站基本系统如图 6-2 所示。

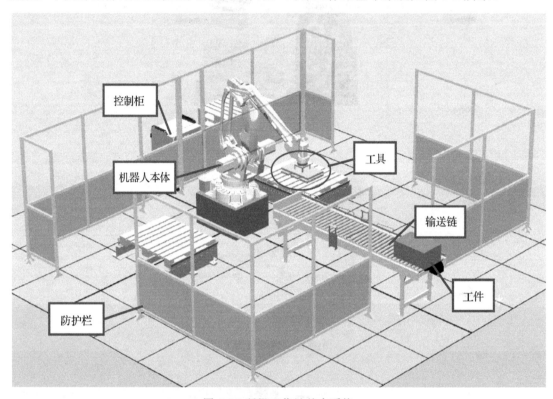

图 6-2　码垛工作站基本系统

（1）机器人系统：主要由机器人本体、示教器和控制柜组成。

（2）码垛配套系统：主要由气体驱动装置或液压驱动装置、末端执行器组成。

驱动手爪动作需要借助外力，驱动方式多为气动或液压驱动。通常在保证相同夹紧力情况下，气动比液压负载轻、卫生、成本低、易获取，故实际码垛中以压缩空气为驱动力居多。

码垛手爪是夹持物体的一种装置，常见的种类有吸附式、夹板式、抓取式、组合式，如图 6-3 所示。

(a)吸附式手爪

(b)抓取式手爪

(c)夹板式手爪

(d)组合式手爪

图 6-3　码垛手爪

1. 码垛工作站的工站布局

码垛工作站的布局是以提高生产效率、节约场地、实现最佳物流码垛为目的，在实际生产中，常见的码垛工作站布局主要有全面式码垛和集中式码垛两种。

（1）全面式码垛。机器人安装在生产线末端，可针对一条或两条生产线，具有较小的输送线成本与占地面积，较大的灵活性和增加生产量等优点，如图 6-4 所示。

（2）集中式码垛。机器人被集中安装在某一个区域，可将所有生产线集中在一起，具有较高的输送线成本，节省生产区资源，节约人员维护，一人便可全部操纵，如图 6-5 所示。

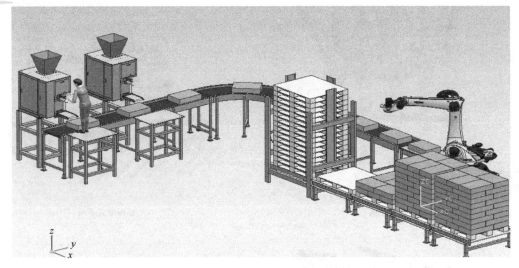

图 6-4　全面式码垛

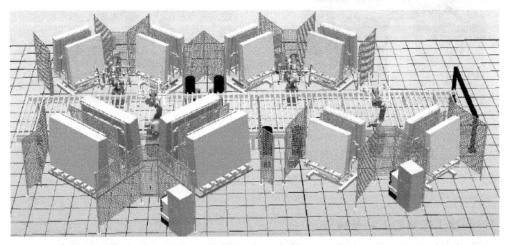

图 6-5　集中式码垛

2．码垛工作站的工位布局

工业机器人码垛工作站是一种集成化系统，可与生产系统相连接而形成一个完整的集成化包装码垛生产线。同时，为节约生产空间，合理的机器人的工位布局尤为重要。

按照物料进出方式，常规划为一进一出、一进两出、两进两出、四进四出等形式，如图 6-6 所示。在实际生产中，需要依据实际情况选择，已到达最优化性价比，实现利益最大化。

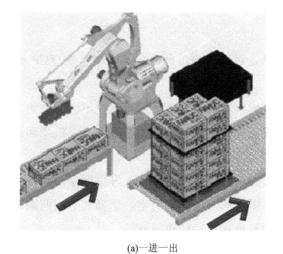

(a)一进一出

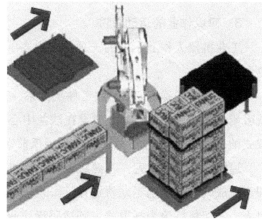

(b)一进二出

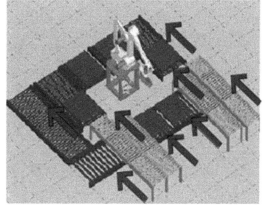

(c)二进二出

(d)四进四出

图 6-6　码垛工位布局

　　码垛垛型常采用"3-2"加"2-3"形式，如图 6-7 所示，通常奇数层垛型一致，偶数层垛型一致。

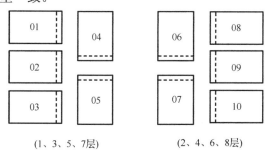

01		04	
02		05	
03			

（1、3、5、7层）

06		08	
		09	
07		10	

（2、4、6、8层）

图 6-7　垛型示意图

169

3．码垛作业的运动轨迹

工业机器人作业示教的一项重要内容——确定运动轨迹，即确定各程序点处 TCP 的位姿。

在示教前需确定 TCP 和工件坐标系。TCP 随末端操作器不同而设置在不同的位置，就吸附式而言，其 TCP 一般设在法兰中心线与吸盘所在平面交点的连线上；夹板式和抓取式的 TCP 一般设在法兰中心线与手爪前端面交点处。

通过前几章的学习，在熟练手动操作机器人的基础上，结合机器人程序指令或函数，即可完成码垛作业的运动轨迹设计。现以图 6-8 所示的工件码垛为例，选择关节型四轴机器人，末端执行器为抓取式，阐述码垛作业中的流程和运动轨迹设计。

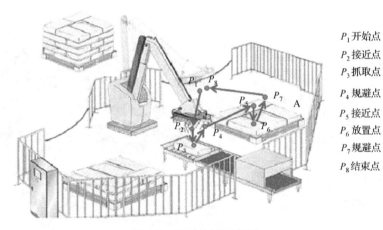

P_1 开始点
P_2 接近点
P_3 抓取点
P_4 规避点
P_5 接近点
P_6 放置点
P_7 规避点
P_8 结束点

图 6-8　运动轨迹示意图

1）作业流程

（1）示教前准备：在开始示教前，请做以下准备。

● 安全确认。确认自己与机器人之间保持安全距离，做好安全防范措施，详细内容可参照本书第 1 章认识工业机器人，在此不再赘述。

● 创建系统备份。通过 RobotStudio 或示教器给当前机器人系统做一备份。

● 确认机器人原点。

● 按照实训任务要求，合理布局工作站。

（2）I/O 配置：根据实际 I/O 信号设置，配置 I/O 信号。

（3）新建作业程序：创建程序数据，包括工具数据、工件坐标数据，详细操作步骤可参照本书第 3 章工业机器人的坐标数据，在此不再赘述。

（4）程序点示教，在手动模式下，按照图 6-8 运行轨迹，选择正确的 TCP 和工件坐标系，操作机器人到程序点位置，记录当前机器人坐标，程序点说明见表 6-1，具体示教方法可参照本书第 2 章机器人的手动操纵。

（5）编制码垛作业程序。按照实训任务的具体要求，合理选择 RAPID 程序指令或功能函数，并设置运动参数，比如转弯半径、自动运行速度设置等。

（6）手动试运行。在完成点位示教和作业程序输入后，需试运行一下程序以便检查各程序点及参数设置是否已记录，生成的动作是否正确。一般情况下，常使用"单步执行"或"连续执行"两种方式来确认示教的轨迹与期望是否一致。

（7）示教再现。作业程序经测试无误后，选择运行程序和所需的操作模式（手动/自动），即可完成再现。

表 6-1　程序点说明表（1）

程　序　点	说　明	命　名	手爪动作	运动控制方式
P_1	轨迹起始点	pHome	松开	—
P_2	抓取临近点	pApPick	松开	PTP
P_3	抓取点（作业点）	pPick	夹紧	CP
P_4	抓取规避点	pAwPick	夹紧	CP
P_5	放置临近点	pApPlace	夹紧	PTP
P_6	放置点（作业点）	pPlace	松开	CP
P_7	放置规避点	pAwPlace	松开	CP
P_8	轨迹结束点	pEnd	松开	PTP

2）运动轨迹

根据前面的学习知识，如何提高码垛作业效率？由表 6-2 可知：

表 6-2　程序点说明表（2）

程　序　点	说　明	命名	手爪动作	运动控制方式
P_1	轨迹起始点	pHome	松开	—
P_2	抓取临近点	pPick+Offs	松开	PTP
P_3	抓取点（作业点）	pPick	夹紧	CP
P_4	抓取规避点	pPick+Offs	夹紧	CP
P_5	放置临近点	pPlace+Offs	夹紧	PTP
P_6	放置点（作业点）	pPlace	松开	CP
P_7	放置规避点	pPlace+Offs	松开	CP
P_8	轨迹结束点	pHome	松开	PTP

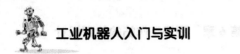

（1）程序点 P_1 与 P_8 设置在同一点；

（2）程序点 P_2 与 P_4 设置在点 P_3 的 z 轴方向上的一点；

（3）程序点 P_5 与 P_7 设置在点 P6 的 z 轴方向上的一点。

学习本节后，再继续学习 6.2 节和 6.3 节（主要机器人语言指令函数）后，就能掌握工位的码垛工站系统组成及程序设计了。

任务实施

本节任务实施见表 6-3 和表 6-4。

表 6-3 认识工业机器人码垛工作站任务书

姓　名		任务名称	认识工业机器人码垛工作站
指导教师		同组人员	
计划用时		实施地点	
时　间		备　注	
任 务 内 容			

1. 认识在码垛应用领域不同机器人的类型及优缺点；
2. 熟悉工业机器人码垛工作站的基本系统组成；
3. 掌握工业机器人码垛工作站的布局；
4. 熟悉码垛作业流程和运动路径。

考核项目	描述各种码垛机器人的优缺点
	描述码垛工作站系统的基本组成和布局
	通过 RobotStudio，构建码垛基本工作站布局
	描述码垛作业流程和运动轨迹路径

资　料	工　具	设　备
工业机器人安全操作规程		工业机器人码垛工作站
教材		

表 6-4 认识工业机器人码垛工作站任务完成报告

姓　名		任务名称	认识工业机器人码垛工作站
班　级		同组人员	
完成日期		实施地点	

1．通过网络查询工业机器人相关知识，比较各种码垛机器人的优缺点。

2．描述工业机器人码垛工作站的基本系统组成。

3．通过 RobotStudio 仿真平台，构建下图码垛工作站基本布局。

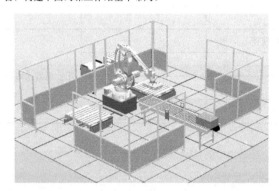

4．描述码垛作业流程。

6.2 一进一出码垛工作站

本节是在学习本书第 5 章搬运的基础上，参照工业机器人的典型应用——码垛，学习码垛作业基础的一进一出工位的程序设计，重点学习中断程序、动作触发指令和计时指令等应用。

 知识准备

6.2.1 一进一出码垛工作站 RAPID 程序指令

1. 动作触发指令

动作触发（TriggL）指在线性运动过程中，在指定位置准确地触发事件，如置位输出信号、激活中断等。要执行动作触发指令，需先定义触发事件，也可以定义多种类型的触发事件，如 TriggIO（触发信号）、TriggEquip （触发装置动作）、TriggInt（触发中断）等等。

下面以触发装置动作（见图 6-9）类型为例说明，在指定的位置，触发机器人夹具的动作（通常采用此种类型的触发事件），程序如下：

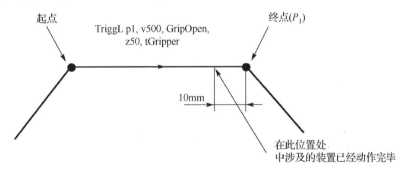

图 6-9　触发装置动作示意图

```
VAR triggdata GripOpen;        !定义触发数据 GripOpen
PROC main()
    TriggEquip GripOpen,10,0.1\DOp:=doGripOn,1;
    !定义触发事件 GripOpen，在距离指定目标点前 10mm 处，并提前 0.1s，触发指定事件：
      将数字输出信号 doGripOn 置为 1。
    TriggL P1, v500, GripOpen, z50, tGripper;
```

175

!执行 TriggL, 调用触发事件 GripOpen, 即机器人 TCP 朝 P_1 运动过程中, 在距离
P_1 前 10mm 处, 并且提前 0.1s, 将 doGripOn 置为 1。
ENDPROC

注意: 在控制吸盘夹具动作过程中, 吸取产品是需要提前打开真空, 在放置产品时候需要提前释放真空, 为了能够准确地触发吸盘夹具的动作, 通常采用 TriggL 指令来对其进行控制。

如果在触发距离后面添加可选参变量 (\start), 则触发距离的参考点不再是终点, 而是起点。则当机器人 TCP 朝向 P_1 运动过程中, 离开起点后 10mm 处, 并且提前 0.1s 触发事件。

程序如下:

```
VAR triggdata GripOpen;              !定义触发数据 GripOpen
PROC main()
    TriggEquip GripOpen,10\Start,0.1\DOp:=doGripOn,1;
    !定义触发事件 GripOpen, 在离开起点后 10mm 处, 并提前 0.1s 触发指定事件, 将数字
    输出信号 doGripOn 置为 1。
    TriggL P1, v500, GripOpen, z50, tGripper;
    !执行 TriggL, 调用触发事件 GripOpen, 即机器人 TCP 朝 $P_1$ 运动过程中, 在离开
    起点后 10mm 处, 并提前 0.1s, 将 doGripOn 置为 1。
ENDPROC
```

1) 提问

(1) 使用动作触发指令, 有何优势?

(2) 对于关节运动和圆弧运动, 是否存在对应的动作触发指令 TriggL 和 TriggC?

2) 练习

● 题目

当机器人的 TCP 通过点 P_1 路径中点时, 设置数字信号输出信号 gun。图 6-10 是固定位置 I/O 事件的实例, 请写出完整程序并上机验证。

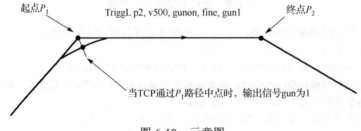

图 6-10 示意图

176

● 参考答案，程序如下：

```
VAR triggdata gunon;
PROC main()
    TriggIO gunon, 0 \Start \DOp:=gun, 1;
    MoveJ p1, v500, z50, gun1;
    TriggL p2, v500, gunon, fine, gun1;
ENDPROC
```

知识拓展

常见的指定位置触发信号与中断功能指令及说明见表 6-5。

表 6-5　常见的指定位置触发信号与中断功能指令及说明

指　　令	说　　明
TriggIO	定义触发条件在一个指定的位置触发输出信号
TriggInt	定义触发条件在一个指定的位置触发中断程序
TriggCheckIO	定义一个指定的位置进行 I/O 状态的检查
TriggEquip	定义触发条件在一个指定的位置触发输出信号，并对信号响应的延时进行补偿设定
TriggRampAO	定义触发条件在一个指定的位置触发模拟输出信号，并对信号响应的延时进行补偿设定
TriggC	带触发事件的圆弧运动
TriggJ	带触发事件的关节运动
TriggL	带触发事件的线性运动
TriggLIOs	在一个指定的位置触发输出信号的线性运动
StepBwdPath	在 RESTART 的事件程序中进行路径的返回
TriggStopProc	在系统中创建一个监控处理，用于在 STOP 和 OSTOP 中需要信号复位和程序数据复位的操作
TriggSpeed	定义模拟输出信号与实际 TCP 速度之间的配合

2. 计时指令

在机器人运动过程中，经常需要利用计时功能来计算当前机器人的运行节拍，并且通过写屏指令显示相关信息。

下面以一个完整的计时案例来学习关于计时显示信息的综合运用。程序如下：

```
VAR clock clock1;
!定义时钟数据 clock1
VAR num CycleTime;
!定义数字型数据 CycleTime，用于存储时间数值
PROC main()
    ClkReset clock1;
    !时钟复位
    ClkStart clock1;
```

```
        !时钟启动
        ……
        ClkStop clock1;
        !时钟停止
        CycleTime:=ClkRead(clock1);
        !读取时钟当前数值，并赋值给 CycleTime。
        TPErase;
        !清屏
        TPWrite  "The Last CycleTime is"\Num:=CycleTime;
        !写屏，在示教器屏幕上显示节拍信息
    ENDPROC
```

1）提问

假设当前数值 Cycletime 为 10，则示教器屏幕上最终显示信息是什么？

2）练习

● 题目

在上一个知识点"动作触发指令"的基础上，计算出所写程序的运行节拍，并且显示相关信息。

● 参考答案，程序代码如下：

```
    VAR clock clock1;
    VAR num CycleTime;
    VAR  triggdata gunon;
    PROC main()
        TriggIO  gunon, 0 \Start \DOp:=gun, 1;
        ClkReset clock1;
        ClkStart clock1;
        MoveJ p1, v500, z50, gun1;
        TriggL p2, v500, gunon, fine, gun1;
        ClkStop clock1;
        CycleTime:=ClkRead(clock1);
        TPErase;
        TPWrite  "The Last CycleTime is"\Num:=CycleTime;
    ENDPROC
```

知识拓展

常见的时间控制指令及说明见表 6-6。

表 6-6　常见的时间控制指令及说明

指　令	说　明
ClkReset	计时器重置
ClkStart	计时器开始计时
ClkStop	计时器停止计时
ClkRead	读取用于定时的时钟
CDate	将当前日期作为字符串读取
Ctime	将当前时间作为字符串读取
GetTime	将当前时间作为数值串读取

3．中断程序指令

在程序执行过程中，如果发生需要紧急处理的情况，这时就要中断当前程序的执行，马上跳转到专门的程序中对紧急情况进行相应处理，处理结束后程序指针 PP 返回中断的地方继续往下执行程序。专门用来处理紧急情况的专门程序称之为中断程序（TRAP)。

中断程序通常可以由以下条件触发。

（1）一个外部输入信号突然变为 0 或 1。

（2）一个设定的时间到达后。

（3）机器人到达某个指定位置。

（4）当机器人发生一个错误时。

（5）使用一个可变量触发。

下面以监控外部输入信号变化为例子进行讲解，其具体程序如下：

```
VAR intnum intno1;              !定义中断数据 intno1
PROC main()
    IDelete intno1;             !取消当前中断符 intno1 的连接，预防误触发
    CONNECT intno1 WITH tTrap;  !将中断符与中断程序 tTrap 连接
    ISignalDI di1,1,intno1;
    !定义触发条件，即当数字输入信号 di1 为 1 时，触发该中断程序
ENDPROC
TRAP tTrap
    reg1:=reg1+1;
ENDTRAP
```

1）提问

定义触发条件的语句一般放置在哪个例行程序中？

2）练习

● 题目

当输入信号 di1 变为 1 时，机器人立即执行中断程序，其中断程序中内容显示为"The Trap routines is running!"。

● 参考答案

```
VAR intnum intno1;
PROC main()
    IDelete intno1;
    CONNECT intno1 WITH tTrap;
    ISignalDI di1,1,intno1;
ENDPROC
TRAP tTrap
    TPErase;
    TPWrite"The Trap routines is running!";
ENDTRAP
```

知识拓展

中断设定指令及说明见表 6-7。

表 6-7　中断设定指令及说明

指　　令	说　　明
CONNECT	连接一个中断符号到中断程序
ISignalDI\ISignalDO	使用一个数字输入(输出）信号触发中断
ISignalGI\ISignalGO	使用一个组输入(输出）信号触发中断
ISignalAI\ISignalAO	使用一个模拟输入(输出）信号触发中断
ITimer	计时中断
TriggInt	在一个指定的位置触发中断
IPers	使用一个可变量触发中断
IError	当一个错误发生时触发中断
IDelete	取消中断

中断控制指令及说明见表 6-8。

表 6-8　中断控制指令及说明

指　　令	说　　明
ISleep	关闭一个中断
IWatch	激活一个中断
IDisable	关闭所有中断
IEnable	激活所有中断

6.2.2　程序设计流程

1．流程图

按照图 6-11 所给出的作业流程图，完成一进一出工位的码垛作业。

下面重点讲解一进一出工位的码垛主程序设计。在开始编程前，设计程序流程图有助于理清编程思路，便于程序流程的分析。主程序流程图如图 6-12 所示。

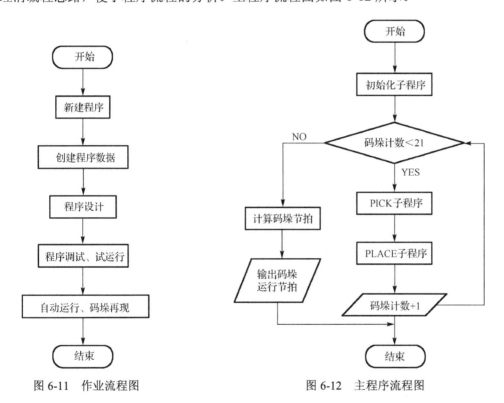

图 6-11　作业流程图　　　　　　　　图 6-12　主程序流程图

2．程序示例

1）程序数据

数据建立有两种方式，当使用 PC 连接的方式通过计算机上的 RobotStudio 软件编程时，可以直接在 RAPID 程序里新建；当使用示教器编程时，需要在程序数据路径下新建各个程序数据。一进一出码垛程序数据见表 6-9。

表6-9　一进一出码垛程序数据表

数据存储类型	数据类型	数据名称	用　途
PERS	tooldata	tGripper	根据所用工具新建的工具数据
CONST	robtarget	pHome	安全点
CONST		pPlaceBase	放置参照点
CONST		pPick	抓取点
PERS		pPlace	放置点
PERS		pActualPos	机器人当前位置
PERS	bool	bPalletFull	利用该布尔变量控制程序运行
VAR	num	nCount	计算码垛个数
VAR		cycletime	存储工作节拍数据
CONST		adjust	微调数据，初始值为10
VAR	clock	cclock	时钟数据，计算周期时间
VAR	triggdata	Gripperopen	触发事件，提前打开真空吸气
VAR		Gripperclose	触发事件，提前关闭真空吸气
VAR	intnum	intn1	中断识别号

2）主程序

```
PROC Main()                !主程序开始。
  rInitAll;                !调用初始化子程序。
  WHILE TRUE DO            !WHILE循环，当条件为TRUE时，无限循环执行以下
                            循环体内的程序。
    IF bPalletFull=FALSE THEN
!IF条件判断指令，当布尔可变量bPalletFull为"FALSE"时，执行以下程序（ELSE前）。
      rPick;               !调用抓取子程序。
      rPlace;              !调用放置子程序。
    ELSE                   !与IF配合使用，表示不符合"bPalletFull=
                            FALSE"的条件时，执行以下程序。
      WaitTime 0.3;        !延时0.3s。
    ENDIF                  !IF条件判断结束。
  ENDWHILE                 !WHILE循环结束。
ENDPROC                    !主程序结束。
```

3）初始化子程序

```
PROC rInitAll()            !初始化子程序开始。
  VelSet 80,500;           !速度设定，设置程序实际运行速度为程序中原来设定速
                            度的80%，速度最大值不超过500mm/sec。
```

```
    AccSet 50,50;              !加速度设定，设置程序实际运行加/减速度为正常值的
                                50%，将加/减速度增加的速率（加速度曲线的斜率）
                                限制在正常值的 50%。
    ClkStop cclock;           !时钟 cclock 计时停止。
    ClkReset cclock;          !时钟 cclock 计时复位。
    ClkStart cclock;          !时钟 cclock 计时开始。
    pActualPos:=CRobT(\tool:=tGripper);
```
!利用功能函数 CRobT 读取当前机器人位置并利用赋值指令将该位置数据赋值给点数据
 pActualPos。

```
    pActualPos.trans.z:=pHome.trans.z;
```
!将安全点 pHome 的 z 轴坐标值赋值给当前点 pActualPos 的 z 值。

```
    MoveL pActualPos,v500,fine,tGripper\WObj:=wobj0;
```
!机器人移动到当前点 pActualPos（注意，此时当前点 z 值已更新为同安全点的 z 值一致）位置。

```
    MoveJ pHome,v500,fine,tGripper\WObj:=wobj0;
```
!机器人移动到安全点 pHome。注意：以上四行程序目的是在当前点位置上，将机器人提升
 到与安全点 pHome 一样的高度，再平移到安全点 pHome，这样可以规划一条较合理的回安全
 点的轨迹，使得该路径具备可预测性，防止碰撞。

```
    bPalletFull:=FALSE;       !改变布尔变量 bPalletFull 的值，结合前文可知，
                               利用该布尔变量可以控制程序的运行。
    nCount:=1;                !设置码垛计数数据 nCount 初始值。
    Reset doGripper;          !复位输出，即关闭真空吸气。
    TriggEquip Gripperopen,20,0.1\DOp:=doGripper,1;
```
!定义 Gripperopen 触发事件：朝指定目标点运动过程中，在距离目标点 20mm 处，并提前
 0.1s，将真空输出信号 doGripper 置位为 1。

```
    TriggEquip Gripperclose,20\Start,0.1\DOp:=doGripper,0;
```
!定义 Gripperclose 触发事件：朝指定目标点运动过程中，在距离起点 20mm 处，并提前
 0.1s，将真空输出信号 doGripper 复位为 0。

```
    IDelete intn1;            !取消当前中断识别号 intn1 的连接，防止误触发。
    CONNECT intn1 WITH trap1;
```
!将中断识别号 intn1 与中断程序 trap1 连接。

```
    IPers bPalletFull,intn1;
```
!中断初始化，中断标志位 bPalletFull 为 TRUE 时，即表示码垛计数 nCount>=21 时，
 则触发中断程序 trap1，以计算、显示运行节拍。

```
ENDPROC                       !初始化子程序结束。
```

4）抓取子程序

```
PROC rPick()    !抓取子程序开始。
    MoveJ Offs(pPick,0,0,300),v2000,z50,tGripper\WObj:=wobj0;
```

!利用 MoveJ 和偏移功能函数 Offs 将机器人移至抓取点上方 300mm 处。

```
    WaitDI diBoxInPos,1;
```

!利用输送链尽头的传感器判断是否有工件运输到达，有工件传输到达才进行下一步。

```
    TriggL pPick,v500,Gripperopen,fine,tGripper\WObj:=wobj0;
```

!利用 TriggL 直线移动到抓取点位置，并调用触发事件 Gripperopen，即朝抓取点运动过程中，在距离抓取目标点 20mm 处，提前 0.1s，将真空输出信号 doGripper 打开。

```
    WaitDI diVacuumOK,1;
```

!利用工具末端的传感器判断是否接触到工件（成功吸取），接触到才执行下一步。

```
    MoveL Offs(pPick,0,0,300),v500,z50,tGripper\WObj:=wobj0;
```

!利用 Movel 和偏移功能函数 Offs 将机器人移至抓取点上方 300mm 处。

```
ENDPROC         !抓取子程序结束。
```

5）放置子程序

```
PROC rPlace()          !放置子程序开始。
    rPosition;         !调用确定实际放置点子程序。
    MoveJ Offs(pPlace,0,0,300),v2000,z50,tGripper\WObj:=wobj0;
```

!利用 MoveJ 和偏移功能函数 Offs 将机器人移至放置点上方 300mm 处。

```
    TriggL pPlace,v500,Gripperclose,fine,tGripper\WObj:=wobj0;
```

!利用 TriggL 直线移动到放置点位置，并调用触发事件 Gripperclose，即朝放置点运动过程中，在距离抓取出发点 20mm 处，提前 0.1s，将真空输出信号 doGripper 关闭。如果是用仿真实现，由于低版本的 RobotStudio 还没有自由落体的功能，因此使用此指令时工件并不能放置到位，此时可以用以下指令代替：

```
!Movel  pPlace,v2000,fine,tGripper\WObj:=wobj0;
!Reset doGripper;
    WaitDI diVacuumOK,0;
```

!利用工具末端的传感器判断是否已经接触不到工件（成功放下），如果是才执行下一步。

```
    MoveL Offs(pPlace,0,0,300),v500,z50,tGripper\WObj:=wobj0;
```

!利用 Movel 和偏移功能函数 Offs 将机器人移至放置点上方 300mm 处。

```
    rPlaceRD;
ENDPROC                     !放置子程序结束。
```

6）码垛计数递增和判断子程序

```
PROC rPlaceRD()             !本子程序实现码垛计数递增和判断等。
    Incr nCount;            !数据 nCount 自加一。
    IF nCount>=21 THEN      !用 IF 条件判断语句判断 nCount 的值，一旦超过 20，
                            则说明此时码放 20 个工件已完成，执行以下语句。
        nCount:=1;          !码垛计数数据 nCount 复位为 1。
        bPalletFull:=TRUE;  !完成码垛，将布尔变量 bPalletFull 设为 TRUE，主
```

程序判断 bPalletFull 并非 FALSE，因此停止码垛工作。

　　　　MoveJ pHome,v1000,fine,tGripper\WObj:=wobj0;

　　!完成码垛后，利用 MoveJ 机器人回到安全点。

　　　　ENDIF

ENDPROC　　!子程序结束。

7）码垛实际放置点设定子程序

实际应用中码垛盘长 1200mm，宽 1000mm。工件长 600mm，宽 400mm，高 250mm。下面以图示模型说明放置点的设定。码垛每层分布图如图 6-13 所示。

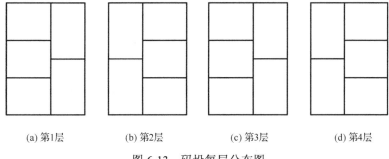

(a) 第1层　　　　(b) 第2层　　　　(c) 第3层　　　　(d) 第4层

图 6-13　码垛每层分布图

观察图 6-13，不难发现，1、3 层摆放形式相同，2、4 层摆放形式相同，往上一层 z 轴的值就对应增加 250mm。下面以第 1 层和第 2 层为例进行说明。码垛第一层和第二层坐标如图 6-14 和图 6-15 所示。

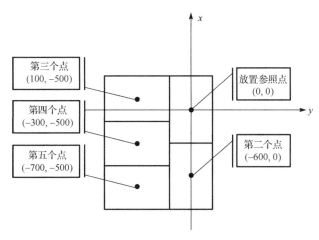

图 6-14　码垛第一层

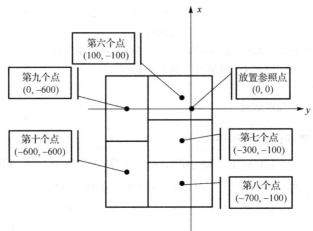

图 6-15　码垛第二层

```
PROC rPosition()          !本子程序实现对应 nCount 不同的值,以一个参照点找到码
                           垛各个位置。注意:实际情况下码垛的工件不可能彼此之间
                           毫无缝隙,以下 adjust 是为了留出缝隙,使得工件摆放更
                           为合理。
    TEST nCount            !利用 TEST 指令判断 nCount 的值,符合哪个 CASE(情
                           况)则执行其后相应的程序语句,都不符合时,执行
                           DEFAULT 后续语句。
    CASE 1:
        pPlace:=RelTool(pPlaceBase,0,0,0\Rz:=0);
```
!当 nCount=1 时,即搬运第一个工件时,以 pPlaceBase 为参照点,将参照点的数据直接
　赋值给放置目标点 pPlace。
```
    CASE 2:
        pPlace:=RelTool(pPlaceBase,-600-adjust,0,0\Rz:=0);
```
!当 nCount=2 时,目标点在放置参照点 pPlaceBase 基础上,往工具坐标系 x 轴反方向偏
移 600mm,并将此点位数据赋值给放置目标点 pPlace。
```
    CASE 3:
        pPlace:=RelTool(pPlaceBase,100,-500-adjust,0\Rz:=90);
```
!当 nCount=3 时,目标点在放置参照点 pPlaceBase 基础上,往工具坐标系 x 轴正方向偏
移 100mm,往工具坐标系 y 轴往反方向偏移 500mm,并且工具绕着 z 轴往顺时针方向旋转
90 度,并将此点位数据赋值给放置目标点 pPlace。

```
    CASE 4:
        pPlace:=RelTool(pPlaceBase,-300-adjust,-500-adjust,0\Rz:=90);
    CASE 5:
        pPlace:=RelTool(pPlaceBase,-700-adjust,-500-adjust,0\Rz:=90);
    CASE 6:
```

```
        pPlace:=RelTool(pPlaceBase,100,-100,-250\Rz:=90);
    CASE 7:
        pPlace:=RelTool(pPlaceBase,-300-adjust,-100,-250\Rz:=90);
    CASE 8:
        pPlace:=RelTool(pPlaceBase,-700-adjust,-100,-250\Rz:=90);
    CASE 9:
        pPlace:=RelTool(pPlaceBase,0,-600-adjust,-250\Rz:=0);
    CASE 10:
        pPlace:=RelTool(pPlaceBase,-600-adjust,-600-adjust,-250\Rz:=0);
    CASE 11:
        pPlace:=RelTool(pPlaceBase,0,0,-500\Rz:=0);
    CASE 12:
        pPlace:=RelTool(pPlaceBase,-600-adjust,0,-500\Rz:=0);
    CASE 13:
        pPlace:=RelTool(pPlaceBase,100,-500-adjust,-500\Rz:=90);
    CASE 14:
      pPlace:=RelTool(pPlaceBase,-300-adjust,-500-adjust,-500\Rz:=90);
    CASE 15:
        pPlace:=RelTool(pPlaceBase,-700-adjust,-500-adjust,-500\Rz:=90);
    CASE 16:
        pPlace:=RelTool(pPlaceBase,100,-100,-750\Rz:=90);
    CASE 17:
        pPlace:=RelTool(pPlaceBase,-300-adjust,-100,-750\Rz:=90);
    CASE 18:
        pPlace:=RelTool(pPlaceBase,-700-adjust,-100,-750\Rz:=90);
    CASE 19:
        pPlace:=RelTool(pPlaceBase,0,-600-adjust,-750\Rz:=0);
    CASE 20:
        pPlace:=RelTool(pPlaceBase,-600-adjust,-600-adjust,-750\Rz:=0);
    DEFAULT:
        Stop;
    ENDTEST
ENDPROC                 !子程序结束。
```

8）中断程序

```
TRAP trap1                      !中断程序开始。
    ClkStop clock1;             !计时结束。
    cycletime:=ClkRead(cclock);
!利用 cycletime 存储计时数据。
    TPErase;                    !清屏。
    TPWrite"The cycle time(seconds) is:"\Num:=cycletime;
```

!写屏，显示周期时间 cycletime。

    TPWrite"Finish!";   !写屏，显示字符串"Finish!"。

ENDtrap   !中断程序结束。

9）示教点检查子程序

PROC rModify()   !示教点检查程序开始（注意：本程序只是为了在调试过程中检验示教点，不参与自动运行状态下的程序运行）。

    MoveL pHome,v1000,fine,tGripper\WObj:=wobj0;   !检查安全点。

    MoveL pPick,v1000,fine,tGripper\WObj:=wobj0;   !检查抓取点。

    MoveL pPlaceBase,v1000,fine,tGripper\WObj:=wobj0; !检查放置参照点。

ENDPROC   !示教点检查程序结束。

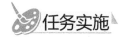

本节任务实施见表 6-10 和表 6-11。

表 6-10 一进一出工位码垛工作站编程任务书

姓 名		任务名称	一进一出工位码垛工作站编程
指导教师		同组人员	
计划用时		实施地点	
时 间		备 注	

任 务 内 容

下图是工业机器人码垛工作站，机器人将输送链的工件堆垛。

1．对机器人进行示教，从输送链工件到堆垛盘。按照"3-2"垛型，20 个工件搬运完机器人停止在设定的原点位置。

2．程序要求：

（1）程序模块化，自动运行（点数据、例行程序命名规范）；

（2）运用动作触发指令；

（3）运用中断显示运行节拍。

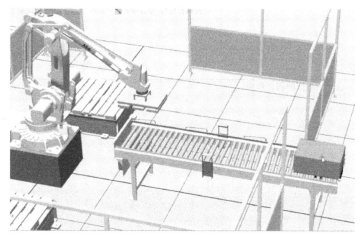

考核项目	描述码垛作业、程序流程
	完成、验证一进一出工位的码垛程序

资 料	工 具	设 备
工业机器人安全操作规程		
		ABB 机器人单工站

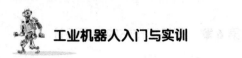

表 6-11　一进一出工作码垛工作站任务完成报告表

姓　　名		任务名称	一进一出工作码垛工作站
班　　级		同组人员	
完成日期		分工任务	

1. 参照图 6-12，写出所有例行程序的流程图。

2. 写出示教完成的一进一出工位的码垛程序。

6.3 二进二出码垛工作站

本节着重学习编程语言，主要完成对数组、带参数的例行程序和功能函数的学习，属于中级编程，同时还要进一步优化码垛运行。

 知识准备

6.3.1 二进二出码垛工作站 RAPID 程序指令

1. 数组的应用

所谓数组，就是相同数据类型的元素按一定顺序排列的集合。若将有限个类型相同的变量的集合命名，那么这个名称为数组名。组成数组的各个变量称为数组的分量，也称为数组的元素。

当调用该数据时需要写明索引号来指定调用该数据时需要的是该数据中的哪一个数值。在 PAPID 语言中，可以定义一维数组、二维数组和三维数组。

一维数组示例：

```
VAR num array1{3}:=[3,6,9];
VAR num num1;
PROC main()
    num1:=array1{3};
    TPErase ;
    TPWrite "num1 is"\Num:=num1;
ENDPROC
```

二维数组示例：

```
VAR num array2{3,2}:=[[1,2],[3,4],[5,6]];
VAR num num2;
PROC main()
    num2:=array2{3,1};
    TPErase ;
    TPWrite "num2 is"\Num:=num2;
ENDPROC
```

1）提问

可否利用数组来存放点位置数据？

2）练习

参照范例，定义申明一个三维数组。

知识拓展

对于一些常规的码垛垛型，可以利用数组来存放各个摆放位置数据。位置数据示意图如图 6-16 所示，只需示教一个点（如位置一），之后创建一个数组用于存储 5 个摆放位置数据。（60×40×40）

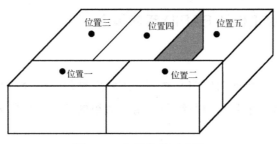

图 6-16　位置数据示意图

2．三种程序类型

例行程序一共有三种类型，分别为 Trap（中断程序）、Procedures（普通程序）、Functions（功能程序）。

● Trap：中断程序，当中断条件满足时，则立即执行该程序中的指令，运行完成后返回调用该中断的地方继续往下执行。

● Procedures：普通程序，如常见的主程序、子程序等。

● Functions：功能程序，会返回一个指定类型的数据，在其他指定中可作为功能调用。

3．带参数的例行程序

下面以一个简单的画正方形（图 6-17）的程序为例子，对带参数的例行程序进行介绍。

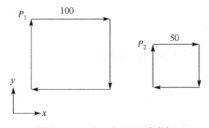

图 6-17　画正方形示意图

● Offs 偏移功能。

```
PROC SquarePath()
    MoveJ Offs(P1,0,0,0),v400,fine,tool0;
    MoveL Offs(P1,100,0,0),v400,fine,tool0;
    MoveL Offs(P1,100,-100,0),v400,fine,tool0;
    MoveL Offs(P1,0,-100,0),v400,fine,tool0;
    MoveL Offs(P1,0,0,0),v400,fine,tool0;

    MoveJ Offs(P2,0,0,0),v400,fine,tool0;
    MoveL Offs(P2,50,0,0),v400,fine,tool0;
    MoveL Offs(P2,50,-50,0),v400,fine,tool0;
    MoveL Offs(P2,0,-50,0),v400,fine,tool0;
    MoveL Offs(P2,0,0,0),v400,fine,tool0;
ENDPROC
```

● 带参数的例行程序。

```
PROC main()
    SquarePath P1,100;
    SquarePath P2,50;
ENDPROC
PROC SquarePath(robtarget point,num dis)
    MoveJ Offs(point,0,0,0),v400,fine,tool0;
    MoveL Offs(point,dis,0,0),v400,fine,tool0;
    MoveL Offs(point,dis,-dis,0),v400,fine,tool0;
    MoveL Offs(point,0,-dis,0),v400,fine,tool0;
    MoveL Offs(point,0,0,0),v400,fine,tool0;
ENDPROC
```

在调用此带参数的例行程序时，需要输入一个目标点作为正方形的顶点，同时还需要输入一个数字型数据作为正方形的边长。

4．功能函数

功能程序能够返回一个特点数据类型的值，在其他程序中可当功能调用。下面以输入三个数据（num 类型），从小到大依次输出（一维数组格式）为例进行证明。程序如下：

```
CONST num num1:=1;
CONST num num2:=10;
CONST num num3:=8;
VAR num array{3};
PROC main()
```

```
        array:=Compare(num1,num2,num3);
        TPErase;
        TPWrite "The number from min to max is:"\Num:=array;
    ENDPROC

    Func num Compare(num min,num mid,num max)
    LOCAL VAR num T;
    LOCAL VAR num array{3};
        IF min >mid  THEN
            T:=min;
            min:=mid;
            mid:=T;
        ENDIF

        IF mid >max THEN
            T:=mid;
            mid:=max;
            max:=T;
        ENDIF

        IF min >mid THEN
            T:=mid;
            mid:=min;
            min:=T;
        ENDIF
        array{1}:=min;
        array{2}:=mid;
        array{3}:=max;
        RETURN array;
    ENDFUNC
```

6.3.2 程序设计流程

1. 流程图

按照图 6-18 所给出的作业流程图，完成二进二出工位的码垛作业。下面重点讲解二进二出工位的码垛主程序设计，其主程序流程图如图 6-19 所示。

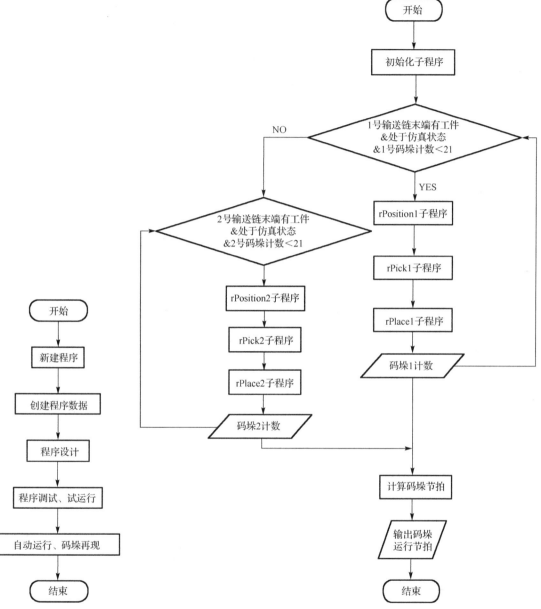

图 6-18　作业流程图　　　　图 6-19　主程序流程图

2．程序示例

1）程序数据

二进二出码垛程序数据见表 6-12。

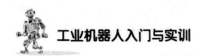

表 6-12 二进二出码垛程序数据表

数据存储类型	数据类型	数据名称	用　　途
PERS	tooldata	tGrip	根据所用工具新建的工具数据
CONST	robtarget	pHome	安全点
CONST		pBase1_0	0 度放置参照点 1
CONST		pBase1_90	90 度放置参照点 1
PERS		pPickH1	抓取点 1 上方
PERS		pPlaceH1	放置点 1 上方
PERS		pPick1	抓取点 1
PERS		pPlace1	放置点 1
CONST		pBase2_0	0 度放置参照点 2
CONST		pBase2_90	90 度放置参照点 2
PERS		pPickH2	抓取点 2 上方
PERS		pPlaceH2	放置点 2 上方
PERS		pPick2	抓取点 2
PERS		pPlace2	放置点 2
PERS		pActualPos	机器人当前位置
PERS	bool	bPalletFull1	码垛 1 满垛则为 TRUE 停止堆垛
PERS		bPalletFull2	码垛 2 满垛则为 TRUE 停止堆垛
VAR	num	nCount1	计算码垛 1 个数
VAR		nCount2	计算码垛 2 个数
VAR		ncycletime	存储工作节拍数据
CONST		adjust	微调数据,初始值为 10
VAR	clock	cclock	时钟数据,计算周期时间
VAR	triggdata	Gripperopen	触发事件,提前打开真空吸气
VAR		Gripperclose	触发事件,提前关闭真空吸气
VAR	intnum	iPallet1	中断识别号 1
VAR		iPallet1	中断识别号 2
CONST	loaddata	LoadEmpty	空载时的载荷数据[0.01,[0,0,1],[1,0,0,0],0,0,0]
CONST		LoadFull	满载时的载荷数据[40,[0,0,100],[1,0,0,0],0,0,0]
CONST	speeddata	MinSpeed	最小速度[1000,300,5000,1000]
CONST		MidSpeed	中等速度[2500,400,5000,1000]
CONST		MaxSpeed	最大速度[4000,500,5000,1000]

2）主程序

```
PROC Main()                    !主程序开始。
    rInitAll;                  !调用初始化子程序。
    WHILE TRUE DO              !WHILE 循环,当条件为 TRUE 时,无限循环执行以下循
                                环体内的程序。
        IF diBoxInPos1=1 AND diPalletInPos1=1 AND bPalletFull1=FALSE THEN
```

!IF 条件判断，如果 diBoxInPos1（输送链 1 上的传感器输入信号）和 diPalletInPos1
（仿真与否判断输入信号，若处于仿真状态则为 1，否则为 0）为 1，bPalletFull1（码
垛 1 满垛与否的判断）为 FALSE，那么执行以下内容直到 ENDIF。

```
            rPosition1;            !调用码垛 1 实际放置点设定子程序。
            rPick1;               !调用抓取 1 子程序。
            rPlace1;              !调用放置 1 子程序。
        ENDIF
        IF diBoxInPos2=1 AND diPalletInPos2=1 AND bPalletFull2=FALSE THEN
```

!IF 条件判断，如果 diBoxInPos2（输送链 2 上的传感器输入信号）和 diPalletInPos2
（仿真与否判断输入信号，若处于仿真状态则为 1，否则为 0）为 1，bPalletFull2（码
垛 2 满垛与否的判断）为 FALSE，那么执行以下内容直到 ENDIF。

```
            rPosition2;            !调用码垛 2 实际放置点设定子程序。
            rPick2;               !调用抓取 2 子程序。
            rPlace2;              !调用放置 2 子程序。
        ENDIF
        ClkStop cclock;          !计时结束。
        ncycletime:=ClkRead(cclock);
```

!利用 ncycletime 存储计时数据。

```
        TPErase;                 !清屏。
        TPWrite"The cycle time(seconds) is:"\Num:=ncycletime;
```

!写屏，显示周期时间 ncycletime。

```
        TPWrite"Finish!";        !写屏，显示字符串 "Finish!"。
        WaitTime 0.1;            !延时等待 0.1s。
    ENDWHILE
ENDPROC
```

3）初始化子程序

```
PROC rInitAll()
    Reset doGrip;               !复位输出，关闭真空吸气。


    pActualPos:=CRobT(\tool:=tGrip);
```

!利用功能函数 CRobT 读取当前机器人位置并利用赋值指令将该位置数据赋值给点数据
pActualPos。

```
    pActualPos.trans.z:=pHome.trans.z;
```

!将安全点 pHome 的 z 轴坐标值赋值给当前点 pActualPos。

```
    MoveL pActualPos,MinSpeed,fine,tGrip\WObj:=wobj0;
```

!机器人移动到当前点 pActualPos（注意，此时当前点 z 值已更新为同安全点一致）位置。

```
    MoveJ pHome,MidSpeed,fine,tGrip\WObj:=wobj0;
```

!机器人移动到安全点 pHome。注意：以上四行程序目的是在当前点位置上，将机器人提升
到与安全点 pHome 一样的高度，再平移到安全点 pHome，这样可以规划一条较合理的回安
全点的轨迹，使得该路径具备可预测性，防止碰撞。

```
        bPalletFull1:=FALSE;            !改变布尔变量 bPalletFull1 的值, 结合前文可
                                          知, 利用该布尔变量可以控制码垛 1 程序的运行。
        nCount1:=1;                     !设置码垛 1 计数数据 nCount1 初始值。
        bPalletFull2:=FALSE;            !改变布尔变量 bPalletFull2 的值, 结合前文可
                                          知, 利用该布尔变量可以控制码垛 2 程序的运行。
        nCount2:=1;                     !设置码垛 2 计数数据 nCount2 初始值。

        ClkStop cclock;                 !时钟 cclock 计时停止。
        ClkReset cclock;                !时钟 cclock 计时复位。
        ClkStart cclock;                !时钟 cclock 计时开始。

        TriggEquip Gripopen,20,0\DOp:=doGrip,1;
    !定义 Gripopen 触发事件: 朝指定目标点运动过程中, 在距离目标点 20mm 处, 并提前
      0.1s, 将真空输出信号 doGrip 置位为 1。
        TriggEquip Gripclose,20\Start,0\DOp:=doGrip,0;
    !定义 Gripclose 触发事件: 朝指定目标点运动过程中, 在距离起点 20mm 处, 并提前
      0.1s, 将真空输出信号 doGrip 复位为 0。

        IDelete iPallet1;               !取消当前中断识别号 iPallet1 的连接, 防止误触发。
        CONNECT iPallet1 WITH tPallet1;
    !将中断识别号 iPallet1 与中断程序 tPallet1 连接。
        ISignalDI diPalletChanged1,1,iPallet1;
    !下达关于每当数字信号输入信号 diPalletChanged1 设置为 1 时出现中断的指令, 随
      后, 触发中断 iPallet1。
        ISleep iPallet1;
    !停用中断 iPallet1。
        IDelete iPallet2;               !取消当前中断识别号 iPallet2 的连接, 防止误触发。
        CONNECT iPallet2 WITH tPallet2;
    !将中断识别号 iPallet2 与中断程序 tPallet2 连接。
        ISignalDI diPalletChanged2,1,iPallet2;
    !下达关于每当数字信号输入信号 diPalletChanged2 设置为 1 时出现中断的指令, 随
      后, 触发中断 iPallet2。
        ISleep iPallet2;
    !停用中断 iPallet2。
    ENDPROC
```

4) 抓取 1 子程序

```
PROC rPick1()
    MoveJ pPickH1,MaxSpeed,z50,tGrip\WObj:=wobj0;
!利用 MoveJ 将机器人移至抓取点上方 pPickH1 位置。
    TriggL pPick1,MinSpeed,Gripopen,fine,tGrip\WObj:=wobj0;
```

!利用 TriggL 直线移动到抓取点 pPick1 位置，并调用触发事件 Gripopen，即朝抓取点
运动过程中，在距离抓取目标点 20mm 处，提前 0.1s，将真空输出信号 doGrip 打开。

```
    WaitTime 0.3;
```

!延时等待 0.3s。

```
    GripLoad LoadFull;
```

!此时真空吸气吸取了工件，应用满载载荷。

```
    MoveL pPickH1,MinSpeed,z50,tGrip\WObj:=wobj0;
```

!利用 Movel 将机器人移至抓取点上方 pPickH1 位置。

```
ENDPROC
```

5）放置 1 子程序

```
PROC rPlace1()
    MoveJ pPlaceH1,MidSpeed,z50,tGrip\WObj:=wobj0;
```

!利用 MoveJ 将机器人移至放置点上方 pPlaceH1 位置。

```
    TriggL pPlace1,MinSpeed,Gripclose,fine,tGrip\WObj:=wobj0;
```

!如果是最新版本 RobotStudio 6.05 可以仿真自由落体，那就使用以上指令实现放置。如
果是低版本软件，由于没有自由落体功能，工件提前放下并不能完成，而是放在了半空中，
仿真效果不理想，此时可以使用以下两行程序代替。

```
    !Movel pPlace1,MidSpeed,fine,tGrip\WObj:=wobj0;
    !reSet doGrip;
    WaitTime 0.3;
```

!延时等待 0.3s。

```
    GripLoad LoadEmpty;
```

!此时放下了工件，应用空载载荷。

```
    MoveL pPlaceH1,MidSpeed,z50,tGrip\WObj:=wobj0;
```

!利用 Movel 将机器人移至放置点上方 pPlaceH1 位置。

```
    MoveJ pPickH1,MaxSpeed,z50,tGrip\WObj:=wobj0;
```

!此时机器人完成了一次抓放动作，需要回到抓取点上方等待下一个任务，利用 Movej 将机
器人移至抓取点上方 pPickH1 位置。

```
    nCount1:=nCount1+1;          !数据 nCount1 自加一。
    IF nCount1>20 THEN           !用 IF 条件判断语句判断 nCount1 的值，一旦超
                                  过 20，则说明此时码放 20 个工件已完成，执行
                                  以下语句。
        bPalletFull1:=TRUE;      !完成码垛，将布尔变量 bPalletFull1 设为
                                  TRUE，主程序判断 bPalletFull1 并非 FALSE，
                                  因此停止码垛 1 工作。
        IWatch iPallet1;         !先前停用的中断 iPallet1 得以启用。
    ENDIF
ENDPROC
```

6）码垛 1 实际放置点设定子程序

实际应用中码垛盘长 1200mm，宽 1000mm。工件长 600mm,宽 400mm，高 200mm。
下面以图示模型说明放置点的设定。码垛每层分布图如图 6-20 所示。

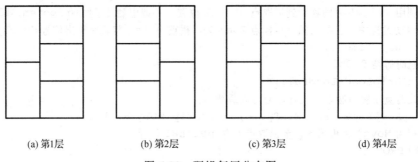

(a) 第1层　　　　　(b) 第2层　　　　　(c) 第3层　　　　　(d) 第4层

图 6-20　码垛每层分布图

观察图 6-20，不难发现，1、3 层摆放形式相同，2、4 层摆放形式相同，往上一层 z 轴的值就对应增加 200mm。下面以第 1 层和第 2 层为例进行说明。码垛第一层和第二层坐标如图 6-21 和图 6-22 所示。

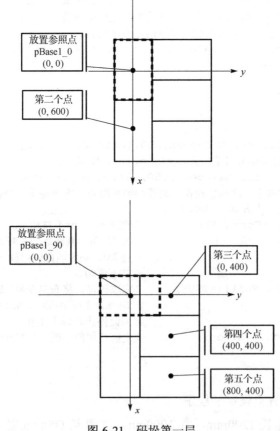

图 6-21　码垛第一层

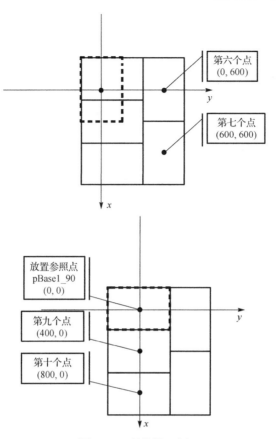

图 6-22　码垛第二层

PROC rPosition1()	!本子程序实现对应 nCount 不同的值，以两个参照点找到码垛各个位置。注意：实际情况下码垛的工件不可能彼此之间毫无缝隙，以下 adjust 是为了留出缝隙，使得工件摆放更为合理。
TEST nCount1	!利用 TEST 指令判断 nCount1 的值，符合哪个 CASE（情况）则执行其后相应的程序语句，都不符合时，执行 DEFAULT 后续语句。

　　CASE 1:
　　　　pPlace1:=Offs(pBase1_0,0,0,0);
!当 nCount1=1 时，即搬运第一个工件时，以 pBase1_0 为参照点，将参照点的数据直接赋值给放置目标点 pPlace1。
　　CASE 2:
　　　　pPlace1:=Offs(pBase1_0,600+adjust,0,0);
!当 nCount1=2 时，目标点在放置参照点 pBase1_0 基础上，往基坐标系 x 轴正方向偏移 600mm，并将此点位数据赋值给放置目标点 pPlace1。

201

```
CASE 3:
    pPlace1:=Offs(pBase1_90,0,400+adjust,0);
```
!当 nCount1=3 时，目标点在放置参照点 pBase1_90 基础上，往基坐标系 y 轴正方向偏移 400mm，并将此点位数据赋值给放置目标点 pPlace1。
```
CASE 4:
    pPlace1:=Offs(pBase1_90,400+adjust,400+adjust,0);
```
!当 nCount1=4 时，目标点在放置参照点 pBase1_90 基础上，往基坐标系 x 轴正方向偏移 400mm，往基坐标系 y 轴正方向偏移 400mm，并将此点位数据赋值给放置目标点 pPlace1。
```
CASE 5:
    pPlace1:=Offs(pBase1_90,800+adjust,400+adjust,0);
CASE 6:
    pPlace1:=Offs(pBase1_0,0,600+adjust,200);
CASE 7:
    pPlace1:=Offs(pBase1_0,600+adjust,600+adjust,200);
CASE 8:
    pPlace1:=Offs(pBase1_90,0,0,200);
CASE 9:
    pPlace1:=Offs(pBase1_90,400+adjust,0,200);
CASE 10:
    pPlace1:=Offs(pBase1_90,800+adjust,0,200);
CASE 11:
    pPlace1:=Offs(pBase1_0,0,0,400);
CASE 12:
    pPlace1:=Offs(pBase1_0,600+adjust,0,400);
CASE 13:
    pPlace1:=Offs(pBase1_90,0,400+adjust,400);
CASE 14:
    pPlace1:=Offs(pBase1_90,400+adjust,400+adjust,400);
CASE 15:
    pPlace1:=Offs(pBase1_90,800+adjust,400+adjust,400);
CASE 16:
    pPlace1:=Offs(pBase1_0,0,600+adjust,600);
CASE 17:
    pPlace1:=Offs(pBase1_0,600+adjust,600+adjust,600);
CASE 18:
    pPlace1:=Offs(pBase1_90,0,0,600);
CASE 19:
    pPlace1:=Offs(pBase1_90,400+adjust,0,600);
CASE 20:
    pPlace1:=Offs(pBase1_90,800+adjust,0,600);
DEFAULT:
```

```
        TPErase;                        !清屏。
        TPWrite "the Counter of line 1 is error,please check it!";
!写屏指令，在示教器上显示字符串"the Counter of line 1 is error,please check it!"。
        Stop;                           !停止运行。
        ENDTEST
        pPickH1:=Offs(pPick1,0,0,400);
!pPickH1 是 pPick1 点的正上方 400mm 处的点。
        pPlaceH1:=Offs(pPlace1,0,0,400);
!pPlaceH1 是 pPlace1 点的正上方 400mm 处的点。
        IF pPickH1.trans.z<=pPlaceH1.trans.z THEN
!IF 条件判断，如果抓取点 1 正上方点位 pPickH1 的高度不超过放置点 1 正上方点位
 pPlaceH1 的高度，则执行以下语句直至 ELSE。
            pPickH1.trans.z:=pPlaceH1.trans.z;
!将 pPlaceH1 的高度赋值给 pPickH1 的 z 值。
        ELSE
            pPlaceH1.trans.z:=pPickH1.trans.z;
!否则，将 pPickH1 的高度赋值给 pPlaceH1 的 z 值。以上是为了实现抓取点 1 正上方点
 位 pPickH1 与放置点 1 正上方点位 pPlaceH1 的高度一致。
        ENDIF
ENDPROC
```

7）码垛 1 中断程序

```
    TRAP tPallet1                   !结合初始化子程序 rInitAll 可知，此程序与中断识别
                                      号 iPallet1 连接，用数字输入 diPalletChanged1
                                      可以触发。此程序的作用是模拟码垛完成之后复位的情
                                      况，如果已经将码垛盘 1 连同上面 20 个工件运走，只
                                      要手动按下一个按钮（此按钮最终连接到机器人数字输
                                      入 diPalletChanged1 对应端口），那么此时将前面
                                      控制码垛过程的相关变量复位，以进行下一次码垛。
        bPalletFull1:=FALSE;        !前面抓取 1 子程序 rPick1() 中，当满足码垛完成 20
                                      个后，bPalletFull1 为 TRUE，码垛 1 满垛，不再继
                                      续码垛。而此时码垛盘连同工件运走，放了空的码垛盘
                                      上去，将 bPalletFull1 变为 FALSE 后，可以进行下
                                      一次码垛。
        nCount1:=1;                 !同时，控制码垛与否及码垛位置的码垛计数数据
                                      nCount1 也复位为 1。
        ISleep iPallet1;           !停用中断 iPallet1。
        TPErase;                    !清屏。
        TPWrite "The Pallet in line 1 has been changed!";
!写屏指令，在示教器上显示字符串"The Pallet in line 1 has been changed!"。
ENDTRAP
```

8）抓取 2 子程序

```
PROC rPick2()
    MoveJ pPickH2,MaxSpeed,z50,tGrip\WObj:=wobj0;
    TriggL pPick2,MinSpeed,Gripopen,fine,tGrip\WObj:=wobj0;
    WaitTime 0.3;
    GripLoad LoadFull;
    MoveL pPickH2,MinSpeed,z50,tGrip\WObj:=wobj0;
ENDPROC
```

9）放置 2 子程序

```
PROC rPlace2()
    MoveJ pPlaceH2,MaxSpeed,z50,tGrip\WObj:=wobj0;
    TriggL pPlace2,MinSpeed,Gripclose,fine,tGrip\WObj:=wobj0;
```

!如果是最新版本 RobotStudio 6.05 可以仿真自由落体，那就使用以上指令实现放置。如果是低版本软件，由于没有自由落体功能，工件提前放下并不能完成，而是放在了半空中，仿真效果不理想，此时可以使用以下两行程序代替：

```
    !Movel pPlace2,MidSpeed,fine,tGrip\WObj:=wobj0;
    !reSet doGrip;
    WaitTime 0.3;
    GripLoad LoadEmpty;
    MoveL pPlaceH2,MidSpeed,z50,tGrip\WObj:=wobj0;
    MoveJ pPickH2,MaxSpeed,z50,tGrip\WObj:=wobj0;
    nCount2:=nCount2+1;
    IF nCount2>20 THEN
        bPalletFull2:=TRUE;
        IWatch iPallet2;
    ENDIF
ENDPROC
```

10）码垛 2 实际放置点设定子程序

码垛 2 与码垛 1 的摆放相同，放置点具体位置参考码垛 1 实际放置点设定子程序示意图。

```
PROC rPosition2()
  TEST nCount2
  CASE 1:
      pPlace2:=Offs(pBase2_0,0,0,0);
  CASE 2:
      pPlace2:=Offs(pBase2_0,600+adjust,0,0);
  CASE 3:
      pPlace2:=Offs(pBase2_90,0,400+adjust,0);
  CASE 4:
```

```
      pPlace2:=Offs(pBase2_90,400+adjust,400+adjust,0);

   CASE 5:
      pPlace2:=Offs(pBase2_90,800+adjust,400+adjust,0);
   CASE 6:
      pPlace2:=Offs(pBase2_0,0,600+adjust,200);
   CASE 7:
      pPlace2:=Offs(pBase2_0,600+adjust,600+adjust,200);
   CASE 8:
      pPlace2:=Offs(pBase2_90,0,0,200);
   CASE 9:
      pPlace2:=Offs(pBase2_90,400+adjust,0,200);
   CASE 10:
      pPlace2:=Offs(pBase2_90,800+adjust,0,200);
   CASE 11:
      pPlace2:=Offs(pBase2_0,0,0,400);
   CASE 12:
      pPlace2:=Offs(pBase2_0,600+adjust,0,400);
   CASE 13:
      pPlace2:=Offs(pBase2_90,0,400+adjust,400);
   CASE 14:
      pPlace2:=Offs(pBase2_90,400+adjust,400+adjust,400);
   CASE 15:
      pPlace2:=Offs(pBase2_90,800+adjust,400+adjust,400);
   CASE 16:
      pPlace2:=Offs(pBase2_0,0,600+adjust,600);
   CASE 17:
      pPlace2:=Offs(pBase2_0,600+adjust,600+adjust,600);
   CASE 18:
      pPlace2:=Offs(pBase2_90,0,0,600);
   CASE 19:
      pPlace2:=Offs(pBase2_90,400+adjust,0,600);
   CASE 20:
      pPlace2:=Offs(pBase2_90,800+adjust,0,600);
   DEFAULT:
      TPErase;
      TPWrite "the Counter of line 2 is error,please check it!";

      Stop;
ENDTEST
pPickH2:=Offs(pPick2,0,0,400);
```

```
    pPlaceH2:=Offs(pPlace2,0,0,400);
    IF pPickH2.trans.z<=pPlaceH2.trans.z THEN
        pPickH2.trans.z:=pPlaceH2.trans.z;
    ELSE
        pPlaceH2.trans.z:=pPickH2.trans.z;
    ENDIF
ENDPROC
```

11）码垛 2 中断程序

```
TRAP tPallet2
    bPalletFull2:=FALSE;
    nCount2:=1;
    ISleep iPallet2;
    TPErase;
    TPWrite "The Pallet in line 2 has been changed!";
ENDTRAP
```

12）示教点检验程序

```
PROC rModify()
    MoveJ pHome,MinSpeed,fine,tGrip\WObj:=wobj0;
    MoveJ pPick1,MinSpeed,fine,tGrip\WObj:=wobj0;
    MoveJ pBase1_0,MinSpeed,fine,tGrip\WObj:=wobj0;
    MoveJ pBase1_90,MinSpeed,fine,tGrip\WObj:=wobj0;
    MoveJ pPick2,MinSpeed,fine,tGrip\WObj:=wobj0;
    MoveJ pBase2_0,MinSpeed,fine,tGrip\WObj:=wobj0;
    MoveJ pBase2_90,MinSpeed,fine,tGrip\WObj:=wobj0;
ENDPROC
```

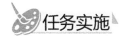

本节任务实施见表 6-13 和表 6-14。

表 6-13　二进二出工位码垛工站编程任务书

姓　　名		任务名称	二进二出工位码垛工站编程
指导教师		同组人员	
计划用时		实施地点	
时　　间		备　　注	
任 务 内 容			

下图是工业机器人码垛工作站，机器人将输送链的工件堆垛。

1．对机器人进行示教，从输送链工件到堆垛盘。按照"3-2"垛型和二进二出的工位布局，20 个工件搬运完机器人停止在设定的原点位置。

2．程序要求：

（1）程序模块化，自动运行（点数据、例行程序命名规范）；

（2）运用动作触发指令；

（3）运用中断显示运行节拍；

（4）运用数组、带参数的例行程序和功能程序。

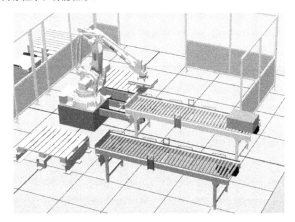

考核题目	完成、验证二进二出工位的码垛程序	
资　　料	工　　具	设　　备
教材		
		ABB 机器人单工站

表 6-14　二进二出工位码垛工站编程任务完成书

姓　　名		任务名称	二进二出工位码垛工站编程
班　　级		同组人员	
完成日期		分工任务	

1．参照图 6-12，写出所有例行程序的流程图。

2．写出示教完成的二进二出工位的码垛程序。

考核与评价

本章考核与评价见表 6-15～表 6-17。

表 6-15　学生自评表

项目名称	码垛工作站的编程设计						
班　级		姓　名		学　号		组　别	
评价项目	评 价 内 容				评价结果（好/较好/一般/差）		
专业能力	认识工业机器人码垛工站的系统组成和布局						
	掌握码垛作业流程						
	能对机器热系统进行备份						
	能熟练运用三种程序类型						
	能计算、显示运行节拍						
	能通过动作触发等优化码垛技巧						
	能对多种码垛工位进行示教编程，完成码垛作业						
方法能力	能够遵守安全操作规程						
	会查阅、使用说明书及手册						
	能够对自己的学习情况进行总结						
	能够如实对自己的情况进行评价						
社会能力	能够积极参与小组讨论						
	能够接受小组的分工并积极完成任务						
	能够主动对他人提供帮助						
	能够正确认识自己的错误并改正						
自我评价及反思							

表 6-16　学生互评表

项目名称	码垛工作站的编程设计				
被评价人	班　级		姓　名		学　号
评价人					
评价项目	评 价 内 容			评价结果（好/较好/一般/差）	
团队合作	A. 合作融洽				
	B. 主动合作				
	C. 可以合作				
	D. 不能合作				
学习方法	A. 学习方法良好，值得借鉴				
	B. 学习方法有效				
	C. 学习方法基本有效				
	D. 学习方法存在问题				
专业能力（勾选）	认识工业机器人码垛工站的系统组成和布局				
	掌握码垛作业流程				
	能对机器热系统进行备份				
	能熟练运用三种程序类型				
	能计算、显示运行节拍				
	能通过动作触发等优化码垛技巧				
	能对多种码垛工位进行示教编程，完成码垛作业				
综合评价					

表 6-17　教师评价表

项目名称	码垛工作站的编程设计					
被评价人	班　级		姓　名		学　号	
评价项目	评 价 内 容				评价结果（好/较好/一般/差）	
专业 认知能力	认识工业机器人码垛工站的系统组成和布局					
	掌握码垛作业流程					
	能掌握系统备份操作					
	能理解 RAPID 语言的指令函数					
	能理解任务要求的含义					
专业 实践能力	能对机器热系统进行备份					
	能熟练运用三种程序类型					
	能计算、显示运行节拍					
	能通过动作触发等优化码垛技巧					
	能对多种码垛工位进行示教编程，完成码垛作业					
	能够遵守安全操作规程					
	能够认真填写报告记录					
社会能力	能够积极参与小组讨论					
	能够接受小组的分工并完成任务					
	能够主动对他人提供帮助					
	能够正确认识自己的错误并改正					
	善于表达与交流					
综合评价						